JN174821

小動物★飼い方上手になれる!

ウサギ

住まい、食べ物、接し方、健康のことがすぐわかる!

著・大野瑞絵　写真・井川俊彦

誠文堂新光社

ウサギ
バリエーション図鑑

立ち耳や垂れ耳、毛の長さなど、
ウサギの品種はバリエーションゆたかで
とても魅力的です。

color：オレンジ

ネザーランドドワーフ

Netherland Dwarf

現在のウサギブームを引っぱる大人気ウサギです。1kgを超える程度の最小クラスの体の大きさ。短い耳やしもぶくれの顔もチャーミングです。

color：オパール

color：フォーン

color：チンチラ

color：オレンジ

ホーランドロップ

Holland Lop

ウサギの常識をくつがえす垂れ耳ウサギ。体重は1.8kgくらいですが、むくむくしたがっちりボディが大きな存在感。こちらの品種も大人気です。

color：ブロークンクリーム

ドワーフホト

Dwarf Hotot

体重は1kgを超える程度の小型種。目の周りにはまるでアイラインをひいたよう。純白のボディと対照的な黒いラインがお互いの美しさをひきたてあいます。

color：ブラック

ミニレッキス

Mini Rex

短毛でつややかな毛並みは、一度なでると忘れられないさわりごこち。ビロードのようだと称されています。体重は2kg前後の小型種です。

color：ブルー

ジャージーウーリー

Jersey Wooly

ふわふわの毛が魅力的。まるでネザーランドドワーフが長毛になったよう。1.6kgくらいの小型種です。耳の間には飾り毛（ウールキャップ）があります。

color：ブロークンオレンジ

ダッチ

Dutch

「パンダウサギ」と呼ばれるおなじみの模様。純血種のダッチでは、左右対称のはちわれ模様などマーキングが重要なポイントです。体重は2kgくらい。

color：チョコレート

ヒマラヤン

Himalayan

1.6kgほどの体重。円筒状と称される細長いボディに、耳、鼻先、手足、尾にポイントカラーがあるのが特徴的。それ以外は白く、目はピンク色です。

color：ブルー

ミニサテン

Mini Satin

もととなったサテンは4kgくらいありますが、ミニサテンは2kg前後。光を反射するとガラスのように美しく輝く毛並みが魅力です。

color：右・左レッド、中央アーミン

もくじ

はじめに

ウサギは近年ますます人気上昇中。昔からおなじみですが、今のウサギたちは以前よりはるかに、人々のそばによりそって暮らすようになっています。外見のかわいさはもちろん、全身で感情を表現してくれるウサギたちはいつでも私たちを癒やし、幸せな気持ちにしてくれます。うれしいことに、長生きなウサギも増えています。

この書籍では、はじめてウサギを迎えたいと考えている皆さんにウサギとの暮らしを理解していただき、実際に迎えてからの基本的な飼育方法を知っていただくことを目的にしています。もふもふして暖かで、それでいて自己主張もしっかりとあるウサギとのすてきな暮らしを、どうぞ楽しんでくださいね。

2017年夏　大野瑞絵

Chapter 1

ウサギってどんな動物？

ウサギは昔からとても身近な存在ですが、意外と知らない
ことも多いもの。野生の暮らしから家族に迎える楽しみ、
そしてさまざまな仕草や体の不思議までご紹介します。

ウサギ・トピックス

世界一有名なウサギ、ピーターラビットの故郷、イギリス。ピーターは1893年、ビアトリクス・ポターが描いた絵手紙の中に誕生しました。

日本の野生ウサギは、イラスト左上から時計回りにニホンノウサギ、エゾユキウサギ、アマミノクロウサギ、エゾナキウサギの4種です。

寒冷地に暮らすナキウサギは、まるでモルモットやハムスターのような外見。ペットのウサギと違い、よく鳴き声をあげます。

オーストラリアにはもともとウサギは生息していませんでしたが、18世紀に移入されたのち分布を拡大。害獣となっています。

ペットとして飼われているウサギの先祖、ヨーロッパアナウサギはイベリア半島が故郷です。ここから世界中に広がりました。

世界中の多くの場所に、およそ60種ほどのウサギが暮らしています。ジャックウサギのような「野ウサギ」の仲間と、私たちがペットとして飼っているウサギのような「穴ウサギ」の仲間に分けることができます。

アメリカに生息、ノウサギのなかで最大サイズ級のジャックウサギ。アナウサギに比べ手足は長く、耳もとても長いのが特徴です。

さまざまな品種のウサギがアメリカやヨーロッパ各地で誕生。現在、日本で飼われている純血種ウサギの多くは、アメリカのブリーダー団体の公認種です。

絶滅危惧種に指定されているメキシコウサギ。英名はVolcano rabbit（火山ウサギ）というように、標高の高い火山帯に生息しています。

ジャックウサギ写真：Sumiko Scott

ウサギの魅力

かわいくて感情ゆたか

◆ ふわふわモフモフの愛らしさ

なんといってもそのかわいらしさがウサギの最大の魅力。まるでぬいぐるみのような愛らしさです。かつてはウサギといえば白い毛に赤い目、パンダ柄などがおなじみでしたが、短い耳で丸顔のウサギや、ふわふわモフモフの長毛のウサギ、また、「耳が立っている」というウサギのイメージをくつがえした垂れ耳のウサギなど、外見のバリエーションもさまざまに増え、私たちを楽しませてくれるのです。

◆ 全身で示す感情表現

ただかわいいだけではありません。実はウサギの感情表現はとてもゆたか。うれしいときにピョンとジャンプしたり、気に入らないことがあると後ろ足で地面をダンと叩いたりして、全身で気持ちを示します。

◆ 愛すべきいろいろな仕草

体を伸ばして寝そべり、のんびりとくつろぐ姿、両前足を使って耳や顔を掃除する様子など、ウサギが見せてくれるいろいろな仕草もまた、愛すべきウサギの魅力のひとつです。

昔話や絵本、漫画やアニメなど、昔から今にいたるまでさまざまな場面で主役として私たちの身近にいたウサギ。物語に登場するウサギたちも愛おしい存在ですが、やはりなんといっても、目の前にいてくれるそのかわいい姿は、なにものにも代えがたいものです。

かわいすぎる外見に、ゆたかな感情表現、ウサギは最強のペットです。

ウサギを飼う幸せ

愛すべき
癒やしの存在

◆ 高いコミュニケーション能力

ウサギを飼っている皆さんにお話を伺うと、「こんなにコミュニケーションが取れるとは思わなかった」という声をよく聞きます。飼い主のことをきちんと覚えますし、自己主張がしっかり強いウサギも少なくありません。飼い主が辛い気分のときにはよりそってくれたり、一緒に遊ぼうよと誘ってくれたりと、飼い主の感情を理解しているのではないかと感じ取れることもよくあります。

◆ ウサギの数だけある個性

ウサギは自然界では弱者ですから、臆病なのが本来の姿です。しかし、安全が確保され、安心できる家庭での暮らしが、ウサギのさまざまなキャラクターを引き出してくれました。おとなしい子に陽気な子、やんちゃもの、頑固もの、また、人なつこくていつも飼い主のそばにいたいという犬っぽいウサギ、マイペースな猫っぽいウサギなど、その個性はウサギの数だけあるようにも思えます。

◆ ここで楽しく暮らしてくれる幸せ

動物がくつろいでいる姿を見ると、人はこの場所が安全だと感じ、癒されるのだといいます。ウサギがゆったりと寝そべっているとき、おいしそうに食事をしているとき、元気いっぱい遊んでいるときなど、うさぎが「この家での暮らし」を楽しんでいる様子を見ることは、飼い主にとってこのうえなく幸せなひとときなのです。

抱っこすると感じる暖かさ、幸せな命の重み。

「なでて！」とばかりにナデナデをせがむウサギも多いものです。

おいしそうにごはんを食べているところを見るのはうれしいもの。

ウサギの生態と習性

ペットとして飼われているウサギは、もとをたどればヨーロッパアナウサギという１種類のウサギです。このウサギが品種改良を重ねて世界中で飼われています。ここでは野生のアナウサギの生活を見てみましょう。ペットのウサギに引き継がれている生態や習性も多いので、ウサギの行動や気持ちを理解するためにも、ぜひ知っておきたいものです。

ちなみに同じウサギでもノウサギの仲間は単独で暮らし、決まった巣を作らない、生まれたらすぐに動き回れる赤ちゃんを産むなど、異なる生態や習性をもっています。

小さなグループを作る

大人のオスとメス、その子どもたちという数匹のグループが基本。それがいくつも集まって大きな群れを作っています。たくさんで暮らすことで周囲への警戒の目も多くなります。

朝と夕方が活動時間

ウサギの活動時間は「薄明薄暮性（はくめいはくぼせい）」といい、早朝や夕方に活発です。ペットウサギの活動時間は人の生活パターンに似ることもありますが、基本的には昼間と夜中は休息時間です。

完全な草食動物

ウサギは草食動物です。植物の葉や茎、花、実、根、ときには樹木の枯れ葉や樹皮などを食べて暮らしています。栄養価の低い植物からも効率的に栄養を吸収できる体の構造をしています。

とても短い授乳時間

野生では春〜初夏に出産。その子育てはとても特徴的で、巣穴にいる赤ちゃんウサギを一日に１回訪れて、ほんの５分ほど授乳します。天敵に見つかりにくくするためと考えられます。

地面を掘って巣を作る

地面を掘り、出入り口が複数あり、長くて複雑な構造のトンネルを作ります。それがウサギの巣で、寝床や子育てをする部屋など、いくつもの巣室に分かれています。

においつけでなわばりを主張

ウサギは顎の下や肛門のそばに臭腺（においを出す分泌腺）があり、なわばりの境界部分ににおいをつけたり、仲間のウサギにもにおいをつけたりします。

ものを噛む

繊維質の多い植物を食べるのにはよく噛むことが必要ですし、緑の草がとぼしいシーズンには樹皮をかじるなど、野生のウサギにとってものを噛むことは非常に重要です。

順位づけのマウンティング

グループ内では、優位なオスが劣位なオスに対して順位をはっきりさせるためのマウンティングが行われます。メス間でもみられます。

ウサギの行動や仕草の意味

ウサギと私たちとでは、同じ言葉を使って気持ちを確かめ合うことはできませんが、ウサギが見せてくれるさまざまな行動や仕草の意味を知っておくと、ウサギのそのときの気持ちを推測することができます。

ウサギはどちらかというともの静かな動物と思われることが多いですが、行動や仕草の意味が理解できると、実はとても「おしゃべり」だということもわかり、ウサギへの愛情もますます深まることでしょう。どんなときにうれしくて、どんなことが苦手なのか、読み取ってあげられるようになってください。

よろこびのジャンプ

楽しくてしかたのないとき、ジャンプしてその気持を示してくれます。走りながら飛びはねたり、その場で体をひねるようにしたり、頭を振りながらジャンプすることも。

心地よい歯ぎしり

なでられてうれしいときや気持ちがいいとき、やさしい音の歯ぎしりが聞こえてきます。心地よいときのしるしです。（痛みがあるときなどには強い歯ぎしりをすることもあります）

鼻でツンツン

人の足などを鼻先でツンツンとつついてくるのは、遊びに誘ったり、かまってほしいときの合図です。一緒に遊んであげたり、話しかけたりしてあげましょう。

ペロペロ舐めてくる

人の手をペロペロと舐めてくるのは、愛情表現のひとつ。なでてあげているときに、毛づくろいしているつもりになって舐めてくることもあります。

8の字走り

人の足元を8の字を描くように走り回ることがあります。本来はオスからメスへの求愛行動です。とてもうれしいときや興奮しているようなときにみられることがあります。

勢いよく横になる

頭から倒れ込むようにパタンと勢いよく横になることがあります。はじめて見るとちょっとびっくりするかもしれませんが、よくみられる寝方のひとつです。

しっぽを振る

小刻みにプルプルとしっぽを振るのは、興奮しているときの仕草です。ふだんは背中に沿わせて立っていることが多いしっぽですが、くつろいでいるときはダランと下がります。

毛づくろい

毛並みを整えるのが一番の目的で、耳もていねいに両前足で掃除します。また、毛づくろいには「自分の気持ちを落ち着かせよう」という目的もあります。

スタンピング

後ろ足で地面を強く叩きます。「足ダン」と呼ばれることも。もともとは天敵の襲来を仲間に知らせる合図ですが、家庭のウサギは怒っているときや不愉快なときにも行うようです。

ウサギって鳴くの？

アナウサギには声帯がないので、犬や猫のように鳴くことはありません。そのかわり、怒っているときには強く「ブー！」と、ごきげんなときは小さく「プップッ」と鼻を鳴らします。むりやりつかまれたときなど本当に辛いときにはキー！　と悲鳴をあげることもあります。

ウサギの体の特徴

耳
聴覚が発達。左右を別々に動かして音源をさぐることもできる。体熱を放散するのにも役立つ。

鼻
嗅覚は鋭い。よく動き、「鼻でウインクする」とも称されるほど。

ひげ
重要な感覚器官。狭いトンネルを通るとき、その幅を知るためにも役立つ。

目
ほぼ真後ろまで見える視野の広さ。視力はよくないが、薄暗くてもものを見ることができる。

歯
切歯と臼歯があり、合わせて28本。犬歯はない。すべての歯が生涯にわたって伸びつづける。

耳(垂れ耳)
ロップイヤー系の特徴である垂れた耳。品種によっては50cmを超える長さのものも。

肉垂
メスは大人になると顎回りに肉垂（にくすい）やマフラーと呼ばれる皮膚のたるみが発達する。

ウサギはかつて「げっ歯目」に分類されていましたが、今は「ウサギ目」という別のカテゴリーに分類されています。歯はウサギの大きな特徴のひとつです。切歯（前歯）は全部で6本あります。前から見ても上下4本しか確認できませんが、上の切歯の裏側には2本の小さな切歯が二重になって生えているのです。これがげっ歯目との違いで、ウサギ目は別名「重歯目（じゅうしもく）」ともいいます。

ウサギのすべての歯では、歯の根元で細胞がずっと作られつづけています。ものを食べるときに歯をこすり合わせて削れていっても、こうしてどんどん作られているので、短くなりすぎることがないのです。

被毛
品種によって短毛や長毛がある。換毛期は年に４回ほど。特に春と秋には激しく抜ける。

臭腺
あごの下にある臭腺は特にオスでよく発達する。肛門のそばにも臭腺がある。

骨格
強い筋力に反して軽くてもろい骨をしている。暴れて骨折することもある。

指と爪
前足に５本、後ろ足に４本の指がある。穴掘りをするのに適した丈夫な爪が生えている。

しっぽ
へらのような形をしたしっぽ。全身の毛色に関わらず裏側（下側）は白い。

消化のしくみ

植物の細胞壁は動物には分解できませんが、ウサギの体は、植物から栄養を効率的に摂取できるようになっています。食べたもののうち粗い繊維質はコロコロした硬くて丸いフンになりますが、細かい繊維質は盲腸に送られます。そこに住み着いているバクテリアによって分解され、発酵が起こり、タンパク質やビタミン類を豊富に含む「盲腸便」が作られます。これを食べることで、栄養を吸収することができるのです。

column1

飼い主さんに聞いた

ウサギを飼ってよかった！

ウサギと一緒に暮らすなかで感じる大きな幸せ、小さな幸せ。どんなときに「飼ってよかった」と思うのか伺いました。

私を舐めてくれるとき。

――――（チャイさん）

「ウサギのために年中エアコンを切れなくて……」と言いながら、夏は涼しく冬は暖かい家に帰れる幸福感。ツンデレのウサギに構ってもらえると喜ぶというマゾヒズムがおのずと身につきます（笑）

――――（ちょびすけっとさん）

小さいけど存在感があって、ワガママでこちらの都合おかまいなしで甘えてくるところ（出勤前や就寝前に抱っこをせがむ）。抱っこして、寝てしまうとあまりのかわいさに離れられなくなる魔法をかけること。

――――（J ママさん）

仕事で疲れたとき、気分が落ち込んだとき、家に帰ってくると出迎えてくれる存在がいて、またこの子たちのために頑張ろうと思えます。

――――（さーやさん）

へやんぽ（室内での散歩）中、私の行くところ行くところについてきて、足元をぐるぐる回ったり、飛んだり跳ねたり。私がその場を離れると、ドア付近まで飛んできてじっと待っています。私が戻るとブルンブルンして喜んでくれているようです。本当に愛らしく、飼ってよかったと思う瞬間です。

――――（ルークママさん）

帰宅して「おかえりなさい」してくれたとき。一緒に寝っ転がってもふもふペロペロしているとき。

――――（和也さん）

Chapter2

ウサギを迎える前に

今すぐにでも家族に迎えたくなってしまう、かわいいウサギ。人もウサギも幸せに暮らしていくためには、その前によく考えておきたいことがあります。

動物を飼う心がまえ

最後まで責任と愛情を

◆命を迎えるのだということ

動物を飼うときに大切なことは、まず、飼い始めたその日から命がつきる最期の日まで、飼い主としての責任感と命に対する愛情をずっともちつづけるということです。ペットとして飼われる動物は、飼い主が世話をしなければ生きていくことのできない存在です。面倒だからと世話を放棄したり、かわいくなくなったからといじめたりするようなことは決してあってはなりません。動物愛護管理法にも「終生飼養」がうたわれています。

動物を飼える環境ですか

◆「ペット可」住宅ですか？

責任感や愛情のほかに、動物を飼うことのできる環境かどうかも考えてみましょう。住まいが賃貸住宅なら、ペット飼育は許可されているでしょうか。隠れて飼ったり、強制退去となるようなことのないよう、あらかじめ飼育の可否を確かめておきましょう。

また、動物が安心してのびのび暮らせる部屋なのか、特に夏場の温度管理には必須となるエアコンはあるのかなどの点についても考えることが必要です。

家族の理解を得よう

◆家族の気持ちはひとつに

家族と住んでいるなら、家族全員の理解も得ておきましょう。「自分で世話をする」と思っても、旅行のとき、自分が病気のときなどには世話をお願いすることもあります。

また、かわいい動物を迎えればふれあいたいと思う家族もいるでしょう。みんながおやつをあげすぎて、太ってしまったり具合が悪くなってしまうようなことのないよう、飼育のルールを定め、家族の気持ちをひとつにしておくことも大切なことです。

ひとり暮らしの場合も、なにかあったときに頼れる人がいれば安心です。ネットワーク作りも必要なことでしょう。

時間やお金がかかるということ

◆病気になったときのことも考えて

動物を飼えば、毎日の世話に時間がかかることや、食事代や消耗品代などの出費があることは覚悟の上かと思います。そのほかにも、電気代、健康診断代など、なにかとお金がかかります。特に、夏はエアコンを一日中つけていることがほとんどなので、電気代はかなり高額になるでしょう。

もうひとつ考えておきたいのは、動物が病気になったときのことです。介護のために長い時間が必要になったり、高額な治療費がかかることもあります。長生きをしてくれるのは嬉しいことですが、健康状態によっては介護が必要になることもあるのです。

ウサギを飼う心がまえ

ウサギのご長寿に寄り添えますか

◆10年先、15年先を想像してみて

ウサギの平均寿命は5～7歳ほどといわれます。しかし、適切な飼育管理や飼育関連用品・フードの進化、獣医療の進歩などによって長生きするウサギも増えました。10歳以上のウサギも多くなっていますし、15歳というウサギも決して珍しくはありません。

10年先、15年先までの自分の暮らしを想像してみましょう。進学、就職、転勤、結婚、出産など、ライフスタイルの大きな転機を迎えるかもしれません。そのとき、ウサギと一緒にその大きな変化を乗り切る覚悟はあるでしょうか。

あらかじめアレルギー検査を

◆ウサギや牧草が原因に

ウサギの毛やフケなどが原因でアレルギーを発症することがあります。軽度なものならマスクをして世話をするなどで対応できたりしますが、重度なアレルギーだとウサギを飼いつづけられないケースもありますし、無理をして飼えば自分の命にも関わります。

もともとアレルギー体質の方はウサギを迎える前にアレルギー検査をしてみたほうがいいでしょう。ウサギを飼うことで起こり得るアレルギーには、ウサギに欠かせない食べ物である、イネ科牧草によるものもあります。

飼ってみてはじめてわかることも

◆イメージと違うウサギもいます

以前はよく「ウサギを飼うとくさいのでは？」といわれたものですが、こまめな掃除をすれば問題ありませんし、よい掃除グッズも出ています。

ただ、飼ってみると思っていたより大変だったということもあります。たとえば、換毛期の抜け毛があります。特に冬から春にかけての時期には非常に多くの毛が舞い飛びます。

また、ウサギというと、おとなしいイメージがあるかもしれませんが、ケージの中で暴れたり、気に入らないと頑として受けつけないような頑固なところがあるなど、「イメージの中のウサギ」とはかなり違う場合もあります。ウサギを飼いたいと思うなら、その子の個性も含めて愛してほしいと思います。

飼育費用はどのくらい？

飼い主の皆さんに、「1ヶ月にかかるだいたいの飼育費用を教えてください」と伺ってみました。平均すると4,700～5,800円ほど。少ないケースでは1,500～2,000円ほどでした。また、平均値には入れていませんが、「医療費を入れれば月2～3万になるときも多々あります（Jママさん）」「病気だと手術代20万円（肥後みち子さん）」という声も。基本の食費や消耗品だけならさほどかかりませんが、ペット保険に加入したり、緊急時のための費用を貯金しておくなど、「いざというとき」の準備は必要といえそうです。

換毛期にはこまめなブラッシングや掃除が必要になります。

個性ゆたかなウサギたち。そんなところも含めて愛してあげて。

見てみよう、ウサギとの生活

くわしくはChapter3（P44−51）をご覧ください。

食事

くわしくはChapter4（P54ー63）をご覧ください。

くわしくはChapter5（P66－75）をご覧ください。

コミュニケーション

くわしくはChapter6（P78－87）をご覧ください。

 くわしくはChapter7（P90−101）をご覧ください。

迎える準備OK？　チェックリスト

ウサギと一緒に暮らす生活のことがイメージできたでしょうか。いよいよ実際にウサギと出会う方法をご紹介しますが、その前に、ウサギを迎える準備OKかどうかチェックしてみましょう。

- □ 家族の一員として迎え、最期まで一緒に暮らす覚悟がありますか？
- □ 疲れていても毎日の世話をすることができますか？
- □ なにがあっても愛情をもちつづけられますか？
- □ 住まいでのペット飼育は認められていますか？
- □ 家族の同意を得ていますか？
- □ 月々の飼育費用がかかることに覚悟はできていますか？
- □ 夏場のエアコン使用など電気代がかかる覚悟はできていますか？
- □ 病気になったときの治療費がかかる覚悟はできていますか？
- □ アレルギー体質なら、飼育を慎重に考えることができますか？
- □ ウサギの個性を愛することができますか？
- □ ほかの動物がいる場合の対策は考えていますか？
- □ 常に情報収集し、よりよい飼い方を考えることができますか？
- □ 診てもらえる動物病院を見つけておくことができますか？
- □ 捨てたり逃したりせず、責任をもって飼うことができますか？

ウサギの選び方

どこから迎える？

◆専門店やペットショップ

ウサギは、ウサギ専門店や、犬猫以外の小動物を扱っている一般的なペットショップで販売されています。

ウサギ専門店では、その店でブリーディングしたり、ブリーダーから仕入れた純血種を扱っています。そのほかにウサギ用のグッズやフードを多く販売していたり、店によってはウサギ専門のペットホテル業務やグルーミングサービスなども行われています。

一般的なペットショップでは多くの場合、ミニウサギ（ミックスウサギ、雑種ウサギ）を扱っていますが、純血種を販売しているショップもあります。

◆里親になる

捨てられたり飼育放棄されたりしたウサギが保護され、里親募集が行われているケースもあります。大人のウサギであることも多いですが、大人から飼い始めても十分にコミュニケーションは可能ですから、こうしたウサギを迎えることを積極的に考えてもいいでしょう。

ただし、もう二度と捨てられたりせず、幸せに暮らせるようにと、飼い主になることを希望している人に対する条件がある場合もありますから、よく確かめてみましょう。

また、家庭で生まれたウサギの里親募集をしているケースもあります。この場合も条件や受け渡し方法などについて、あらかじめ確認しておきましょう。

ウサギ専門店などで、スタッフと相談しながら選びましょう。

よいショップの選び方

◆衛生的で知識が十分か

店舗内やケージ内が衛生的であることは最低条件です。複数のウサギがひとつのケージで飼われている場合、不衛生だと感染性のある病気がウサギ間で広がっていることもあります。

また、適切な飼い方が行われているショップ、ウサギについての十分な知識をもっているスタッフがいるショップから迎えることをおすすめします。ウサギがショップにいる時期は多くの場合、成長期という心身の成長のための大切な時期です。食事内容や接し方などが適切なことは非常に重要です。

ウサギを迎えるにあたっての不安な点や、用品・フード類の選び方なども積極的に質問してみるとよいでしょう。

◆販売時の説明はショップの義務

ウサギを販売するショップは、動物愛護管理法で「第一種動物取扱業」と定められ、自治体に登録が必要です。必ずショップ内に登録証（写真左下）が掲示されていることを確かめてください。

販売時には「対面説明」と「現物確認」が義務となっています。ショップは購入者に対して、文書を用いて販売する動物の特性やかかりやすい病気、人と動物の共通感染症、飼育方法などを説明し、確認書（写真右下。ショップによって独自のものを作成している場合もあります）を取り交わさなくてはなりません。適切な説明もなく販売することは違法です。

【注】一般の飼い主が無償でウサギを譲る場合でも、反復・継続して営利目的で行われているときは動物取扱業の登録が必要となるケースもあります。

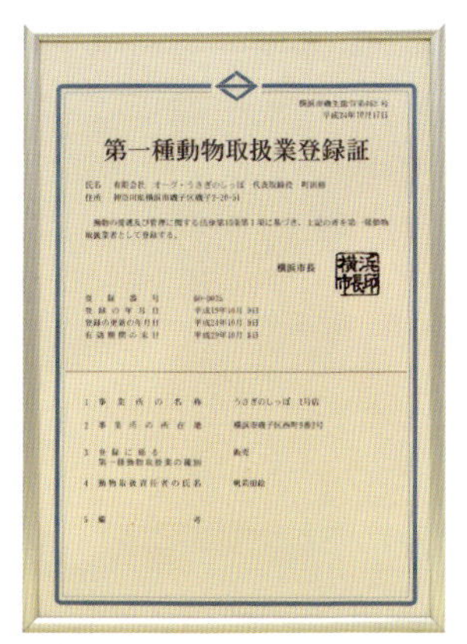

第一種動物取扱業登録証

横浜市長

登録証

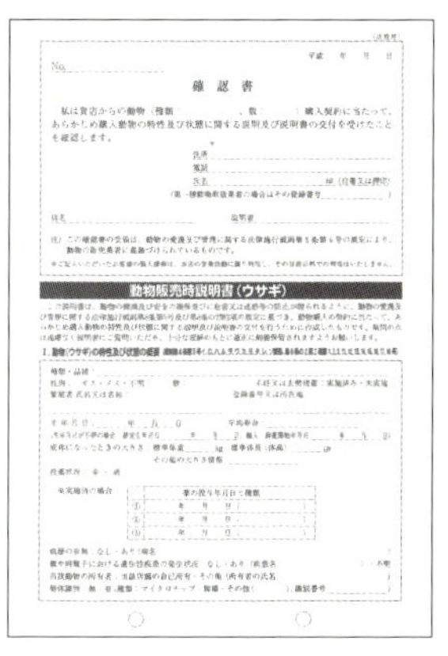

確認書

動物販売時説明書（ウサギ）

動物販売時説明書・確認書（ウサギ）
編著：公益社団法人 日本獣医師会
発行：大成出版社

品種は？

◆ 品種による特徴

ウサギにはたくさんの品種があります。日本で一番よく知られている、世界規模のアメリカのブリーダー団体ARBA（アメリカン・ラビット・ブリーダーズ・アソシエーション）が公認しているのは49品種です。

体の大きさや毛の長さ、耳の形など、品種ごとにさまざま特徴があります。長毛のウサギは短毛に比べて世話に時間がかかります。ジャージーウーリーは長毛のわりにお手入れが楽といわれますが、それでもこまめな手入れは必要です。

個体差もありますが、品種によっておおまかな性質の傾向もあり、ネザーランドドワーフはやんちゃで活発な子が多く、ホーランドロップはおっとりしている子が多いようです。

ジャージーウーリー

◆ ミニウサギってどんなウサギ？

いわゆるミックス、雑種のウサギのことです。かつては、その頃多く飼われていたウサギよりも小さいウサギとして「ミニ」ウサギと呼ばれるようになったようですが、現在は小柄なウサギも多いため、ミニウサギという名前もそぐわなくなってきました。どんな品種の血が混じっているかわからないため、外見も性格も「大人になってからのお楽しみ」という部分もあります。世界に１匹、オンリーワンのウサギともいえます。

ネザーランドドワーフ

ホーランドロップ

性別は？

それぞれの特徴や注意点としては以下のようなものがあります。

【オス】
大人になるとなわばり意識が強くなり、オシッコによるマーキングなどの問題行動がみられることもあります。メスよりも甘えん坊な傾向があります。

【メス】
子育てをする本能から慎重さがありますが、いざとなるとものごとに動じないところがあります。偽妊娠（105ページ）することも。子宮の病気が多いことが知られています。

問題行動や子宮の病気は、避妊去勢手術で防ぐことも可能です。また、性質については個体差や、人との関係性によるものも大きいので、どちらのほうが飼いやすいかは一概にはいえません。

年齢は？

子ウサギを飼う場合は必ず、離乳を終え、自分でしっかりと食事ができるようになっている子、少なくとも生後2ヶ月をすぎている子を選びましょう。子ウサギの時期は環境変化によるストレスに弱く、体調を崩しやすいので、あらかじめきちんと飼育環境を整え（特に寒い時期の保温）、診てもらえる動物病院を探しておくなどの準備が大切です。

大人のウサギを迎えるのもひとつの選択肢です。いわゆる思春期（108ページ）をすぎているので性格も安定していますし、子ウサギに比べればストレス耐性ができているでしょう。子ウサギよりも新しいものを受け入れるハードルが高くなっているので、慣れるまでに多少時間がかかる場合もありますが、適切な接し方をしていればコミュニケーションが取れるようになります。

迎える時期は？

ウサギは季節を問わず販売されています。迎える季節は一般に、春や秋がよいといわれますが、意外と寒暖の差が大きいので注意が必要です。室内や、迎える道中の温度管理がしっかりできているなら、夏や冬でも迎えることができます。

迎える時期として考えておきたいのは、「自分のスケジュール」です。迎えたウサギの様子や住まいを安全に使えているかに注意したり、体調が悪くなったらすぐに動物病院に連れていけるなど、時間的にも精神的にも余裕のある時期がベストです。

健康状態は？

◆健康な子を迎える大切さ

「この子と一緒に暮らしたい！」……そんな一目惚れでウサギと出会うことも多いでしょう。それもすてきな出会いのひとつです。そのうえで、その子が健康かどうかを確かめることもとても大切なことです。

ウサギにとって、住み慣れたペットショップから見知らぬ家に連れられて行くというのは大きな環境の変化ですし、たとえよい環境で迎えることができても多少のストレスにはなります。健康でないウサギはそのことで具合が悪くなることもあります。また、この先ずっと元気にいてもらうためにも、迎える時点で健康であることは欠かせません。

弱っていてかわいそうだから飼ってあげたい、という状況もあるかもしれませんが、ウサギをはじめて飼うなら、元気いっぱいの子を選びましょう。

◆スタッフと一緒に健康チェック

気に入った子がいたら、ペットショップのスタッフと一緒に健康チェックをさせてもらうといいでしょう。確かめるのは、右ページのような項目です。

目やにやお尻の汚れなど外見からわかることのほか、元気がいいか、食欲があるかなども見てみましょう。昼間だとウサギが寝ていることもあるので、夕方以降に見に行くのもいい方法です。

何匹も一緒のケージ内にいるときは、ほしいウサギ以外の子の様子も見てください。具合の悪そうな子がいて、それが感染する病気だと、ほかのウサギにも感染している可能性もあります。

親やきょうだいも元気？

純血種のいい点は、血統管理されているため、両親や祖父母、きょうだいたちの情報もわかることです。わかる範囲で、血縁のウサギたちも元気かどうか確かめましょう。ウサギに多い不正咬合（96ページ）など、遺伝が原因のひとつである病気もあります。常識的には、遺伝する病気をもっているウサギは繁殖に使われませんが、買う側が遺伝する病気について意識をもつのも、大切なことです。

〈ここをチェックしよう〉

耳
傷があったり中が汚れたりしていない？

目
生き生きしている？
目やには出てない？
ショボショボしていない？

歯
曲がったり折れたりしていない？

鼻
鼻水が出ていない？
ひんぱんにクシャミしていない？

お尻
下痢をしているなど汚れていない？

毛並み
ボサボサだったりハゲているところがない？

行動
元気がいい？
食欲はある？
好奇心旺盛そう？
足を引きずったりしていない？

成長度合い
離乳している？
ペレットや牧草を食べている？

体重
見た目の印象よりもずっしりしている？

column2

飼い主さんに聞いた

ウサギを飼ってから困ったこと

飼ってからはじめて知るウサギの真実、そして覚悟してたけどやっぱりそうきたかと思うことなど、飼ってから困ったことを伺いました。

病気になったときに、診てくれる専門病院が少ないことです。 ———（ノエルさん）

1匹の子は、リビングで遊ばせているときにオシッコをまき散らすので、掃除が大変です。もう1匹は、ケージ内で時々、ご飯入れの中でオシッコをしてしまいます。 ———（りょうももさん）

人間との付き合いが面倒になりました。医療費にお金が大変かかるので貯金できません。 ———（肥後みち子さん）

手帳型の携帯電話ケースがなぜか好きで、次々と破壊されます。見ているときにはやらず、席を外した一瞬や、携帯電話を持って寝落ちしたときにやられます。ものすごく狡猾です。ウサギ雑貨ショップで注文した特別なケースを2日目にかじられたときは泣きました。 ———（J ママさん）

車がないと移動手段が限られるため、夏場や冬場のお出かけ（病院への健康診断など）のさい、一層温度調整などに気をつかいます。 ———（さーやさん）

服が毛だらけになります。 ———（かなちゃんさん）

Chapter3

ウサギの住まい作り

のんびりくつろげる住まいが必要なのは人間もウサギも同じことです。ケージや飼育グッズを用意して、ストレスの少ない快適な環境作りを行いましょう。

ケージを選ぼう

ケージ選びのポイント

ウサギが最も長い時間をすごすのがケージの中です。ウサギにとってはまさに「わが家」。のびのびと快適に暮らすことができるケージを選び、安心できる住まい作りを行いましょう。ウサギ用ケージには多くの種類がありますから、ウサギ専門店やペットショップで実際にいろいろなタイプを見てみたり、重さを確かめたり、スタッフに使い勝手を相談してみるといいでしょう。

◆サイズ

底面積は、いろいろな飼育グッズを設置してもなお、ウサギが手足を伸ばして横になれるスペースが必要です。小型のウサギなら幅60cm程度が最低限です。高さは、ウサギが後ろ足で立ち上がっても耳が天井につかないものが適しています。ケージを置く場所のことも考えて選びましょう。

◆世話のしやすさ

ケージが大きいのはいいことですが、動かしにくくて掃除がしにくいといったことのないよう、世話のしやすさも考えてください。底にキャスターがついていれば移動しやすいでしょう。また、大きく開く扉があるとウサギや飼育グッズの出し入れが楽です。扉は、手前と天井の両方にあるとなお便利です。

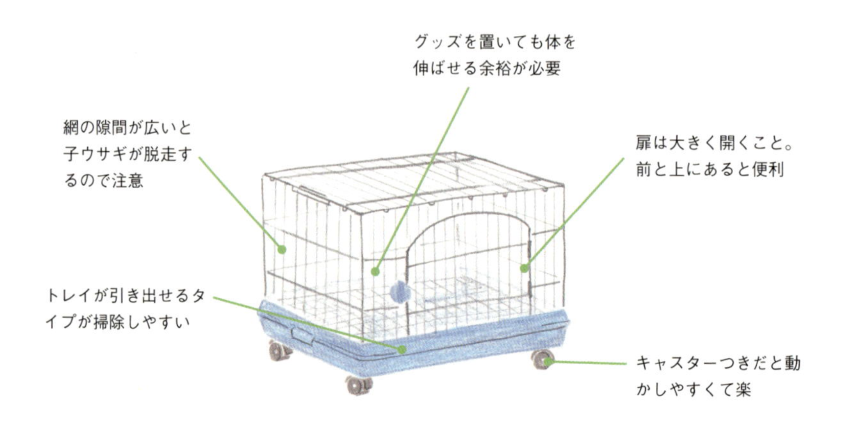

コンフォート60（川井）
幅620×奥行き470×高さ510mm
（キャスター装着時 高さ550mm）

イージーホーム　エボ　60－CM（三晃商会）
幅620×奥行き505×高さ550mm
（キャスター部50mm含む）

うさぎのカンタンおそうじケージ（マルカン）
幅635×奥行き500×高さ500mm

安全なケージ選びを

ウサギがケガをすることのないようなケージだという点も大切です。爪や手足を引っかけやすそうな隙間がないかを確認しておきましょう。また、汚れが取れなくなる、欠ける、さびるといったことがみられるようになったら買い換えましょう。

基本のグッズを選ぼう

床敷き

ケージの底に敷いて使います。底が金網のままだと、ウサギの足の裏に負担がかかることがあります。木製、プラスチック製、樹脂製や、チモシー牧草で編んだものなどさまざまな種類があります。いろいろな種類を使って変化をつけるのもいいでしょう。オシッコで汚してしまうこともあるので、いずれも複数枚用意しておき、汚れたら洗いましょう。木製や牧草で編んだものはウサギがかじることもありますが、これはしかたのないことなので、ボロボロになったら交換しましょう。

ハウス

ウサギには地下に巣穴を作る習性があるので、狭くて薄暗いところを好みます。隠れ家になるハウスを置いてあげるといいでしょう。

慣れないうちは隠れていることもあるかもしれませんが、「ここにいると安心できる」という、ウサギのプライベート空間だと考えてあげましょう。木製や牧草で編んだものなどがあります。床敷き同様にかじってしまうこともありますので、適当な時期に交換しましょう。かじらない子には冬に暖かな布タイプを使うことができます。

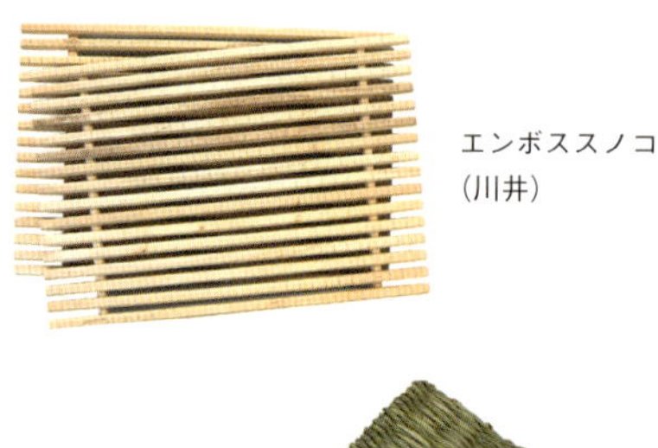

エンボススノコ（川井）

フルハウス（川井）

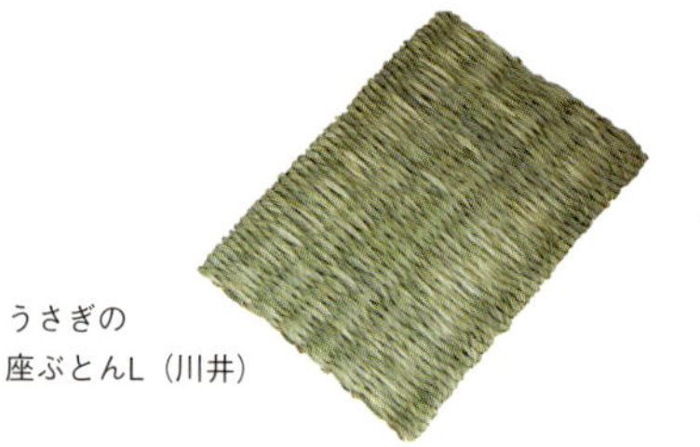

うさぎの
座ぶとんL（川井）

かまくらハウスM
（川井）

食器、牧草入れ

ペレットや野菜などを与えるときは、食器に入れましょう。重みがあってひっくり返したりせず、衛生的に使える陶器製が一般的です。ウサギ用や犬猫用などのほか、グラタン皿のような皿も使えるでしょう。金網にネジで留めるタイプのウサギ用食器もあります。乾燥しているペレットと水分のある野菜は別々の容器で与えましょう。

ウサギには牧草を欠かさず与えなくてはなりません。牧草をケージの床に直接置いたり、トレイなどを置いてその中に入れておくこともできます。金網に取りつける牧草入れを使えば、牧草が排泄物などで汚れるのを防ぐことができます。ケージの外側から牧草を補充できるタイプもあります。

給水ボトル

飲み水を与えるための容器です。給水ボトルを使えば、排泄物や抜け毛、食べ物のかすで水が汚れることなく、常にきれいな水（62ページ参照）を与えることができます。

ケージにねじ留めしたホルダーに取りつけるタイプや、ばねのホルダーで取りつけるタイプなどがあります。また、ケージ内からボトルをかじろうとする子にはガラス製もおすすめできます。ウサギが飲みやすい位置に取りつけ、設置したあとも無理なくきちんと飲めているか確認しましょう。

ほかにはサイフォンドリンカータイプや、食器などのお皿を使うこともできます。お皿はひっくり返しにくい重みのあるものを選んでください。

ハッピーディッシュ（ラウンド・M）（三晃商会）

うさぎの牧草BOX（GEX）

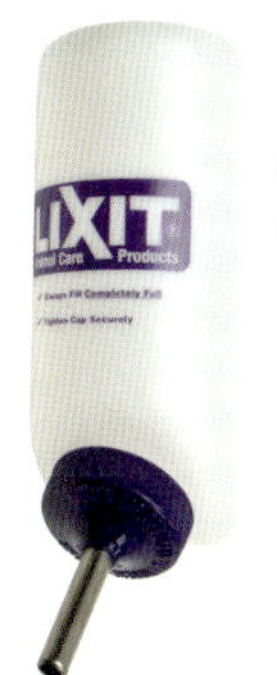

ワイドマウスWボトル（LIXIT）

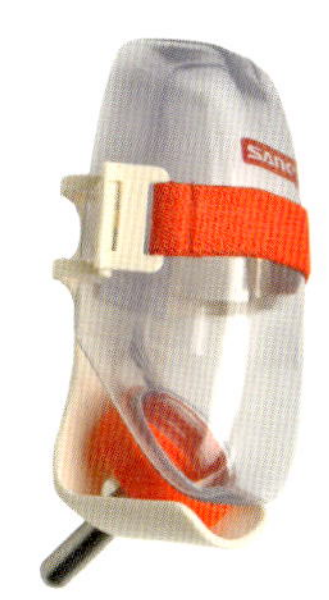
アクアチャージャー300（三晃商会）

トイレ

ウサギ用のトイレ容器を置き、トイレで排泄するように教えると（69ページ参照）、ケージ内を衛生的に保つことができます。

ケージの隅に設置し、固定できるタイプのものが市販されています。プラスチック製や陶器製などがあります。トイレの壁面に高さがあるものは、特にオスのウサギがオシッコを飛ばしても受け止められるようになっています。

ウサギのなかには、きちんとトイレの上に乗って排泄するものの、トイレからお尻がはみ出し、結局ケージ内を汚してしまうこともあります。トイレ容器には小さめのものと大きめのものがあるので、体に合わせたサイズを選ぶようにしてください。

ヒノキア　正方形
ラビレット（GEX）

ホワイレット
（川井）

トイレ砂、ペットシーツ

トイレ容器に敷いて排泄物を吸収します。吸水性が高く、においを軽減させる効果もあるものです。

トイレ砂には木製、紙製、おから製などがあります。トイレの網の下に敷くならウサギが直接ふれることはありませんが、トイレを使わないためにケージ内に直接敷くような場合は、かじっても安全なものを選びましょう。濡れると固まるタイプは生殖器などについて固まることがあるので避けましょう。

ペットシーツはケージのトレイ（底網の下）に敷くこともできます。ウサギがかじることがあるので、直接ふれるところには使わないようにしましょう。白いタイプはオシッコの色がわかりやすいというメリットがあります。

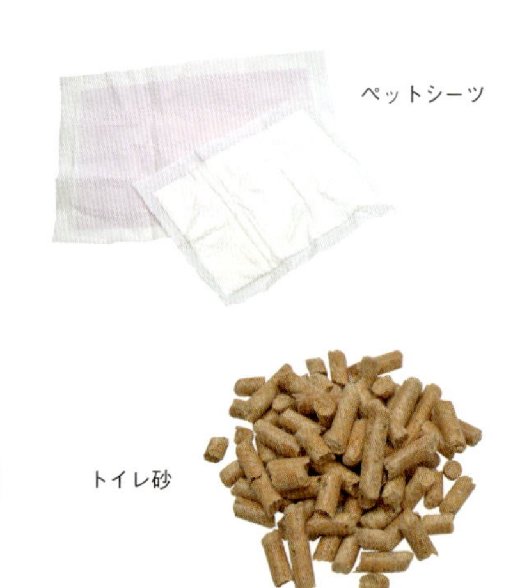

ペットシーツ

トイレ砂

そのほかのグッズ

◆体重計

定期的な体重測定のため、体重計を用意しておきましょう。小型のウサギなら、g単位で細かく表示されるデジタル式のはかり（キッチンスケールなど）が便利です。かごにウサギを入れてスケールに乗せて測定するのが一般的な方法です。

赤ちゃん用の体重計（ベビースケール）を使う方法もあります。

◆温度計・湿度計

室内の温度管理は必ず温度計・湿度計で確認しましょう。立っている人が感じる温度と、床の上にいるウサギが感じる温度が大きく違うこともあります。ケージの外側に取りつけるなど、ウサギがいる場所のそばに設置してください。

最高最低温度計も便利なものです。留守中に室温が高すぎたり低すぎたりしなかったかを確かめることができます。

◆キャリーバッグ

動物病院に連れていくときなど、移動のさいに必要になります。室内でも、ケージを洗うときなど一時的にウサギを移動させておきたいときなどに使うこともあります。

すぐに使う予定がなくても早めに用意し、ウサギがキャリーバッグに入ることに慣らしておくといいでしょう。布製などのソフトキャリー、樹脂製などのハードキャリーがあります。万が一、災害などで避難が必要なときはハードキャリーが適していますから、ひとつめとしてはハードキャリーを購入するといいかもしれません。

キャスターのついたカートタイプのキャリーも市販されています。

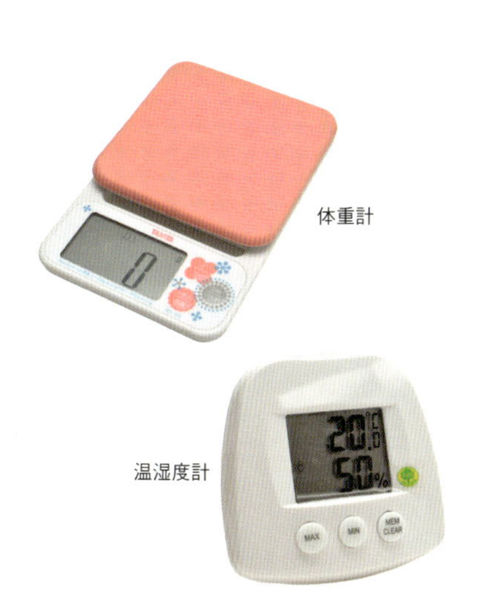

体重計

温湿度計

2ドアキャリー うさぎ用（マルカン）

ラビんぐ　快適キャリー（GEX）

ケージのレイアウト例

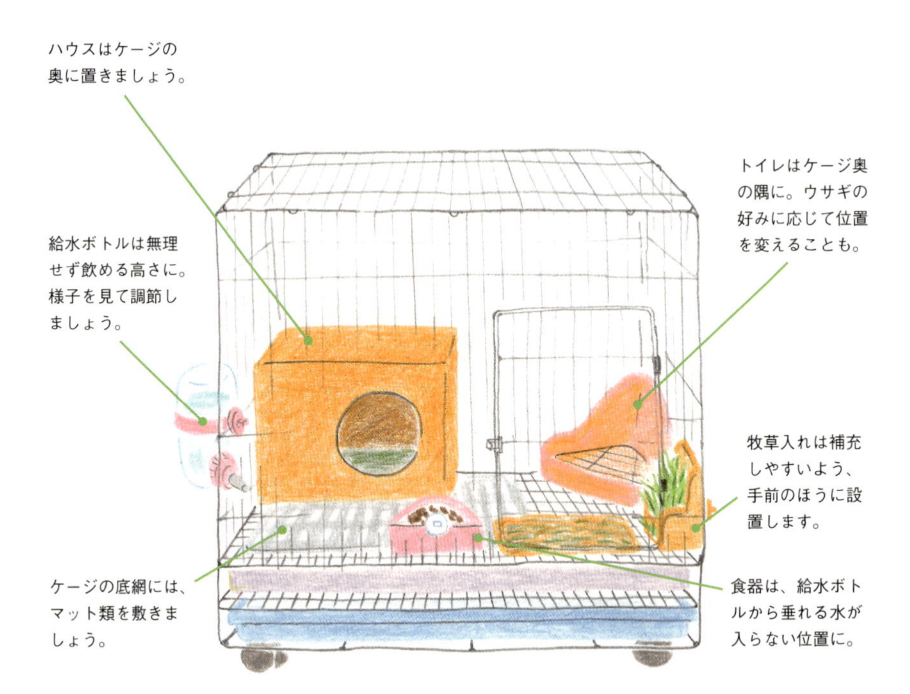

落ち着けて世話のしやすい住まいを

ここでご紹介するのは、レイアウトの一例です。用意したグッズやウサギの好みなどにより、家庭ごとに違いが出てくることと思います。どのような場合でも大切なのはウサギが落ち着いてすごせる、安心・安全な場所になっているかという点です。ロフトがついているタイプのケージも多く、底面積を広く使えるメリットはありますが、ウサギは骨折しやすい動物でもあります。ロフトをつけるならできるだけ低い位置にし、爪を引っかけたりしないよう注意が必要です。おもちゃ類は置きすぎてじゃまにならない程度にしましょう。

また、世話がしやすいかどうかも考えながらレイアウトしましょう。

ケージの置き場所

◆落ち着ける場所

リビングなど、家族と一緒にいられる部屋に置くのはいいことです。ただし、ケージの一面は必ず壁に面するようにし、あらゆる角度から人に見られるということはないようにしましょう。

◆風通しがいい場所

ものかげや家具と家具の間のような場所は空気がこもりやすかったり、ほこりがたまりやすいので避け、風通しのいい場所を選んでください。

◆うるさすぎない場所

人の声やテレビの音、足音など通常程度の生活音は問題ありませんが、極端に大きな音をたてないようにしましょう。集合住宅などでは、壁の裏に設置されている排水管を流れる水の音が意外と大きいこともあります。

◆適度な温度が保てる場所

暑すぎたり寒すぎたりせず、エアコンなどで適温を保てる場所にケージを置きましょう。ただし、エアコンから吹き出す風がウサギを直撃しないよう気をつけましょう。窓際は、温度差が大きいので置き場所としては適していません。

◆そのほかの注意点

昼は明るく夜は暗いという明暗のリズムがあることが大切です。夜も明るい部屋では、カバーをかけて暗くするなどの対応も必要です。

テレビやステレオを大音量でかけていると騒音ばかりか振動も大きいです。

ドアや窓の近くは、開閉のたびに隙間風が吹き込んでくることがあります。

column3

飼い主さんに聞いた
わが家の工夫(住まい編)

よりよい飼育環境を求めて工夫をする飼い主さんは多いものです。皆さんがやられている住まいの工夫を伺いました。

保護ウサギも含めて複数のウサギがいます。ケージの前にサークルの庭を作り、長い時間サークルに出したり、ケージなしで畳1畳分くらいのサークルで飼っています。リビングルームでのへやんぽも、それぞれ1時間以上行っています。

———(肥後みち子さん)

朝ごはんの時間になるとケージを噛むので、その防止にケージの内側からプラ板を貼りつけて、かじれないように工夫しています。それ以外のところにも、市販のチモシーボードを設置し、噛んでも歯や歯根に負担がかからないようにしています。

———(さーやさん)

ケージを前から見たところ。右側にプラ板、左側にチモシーボードを設置。

基本的にレイアウトをよっぽどでない限り変えないようにしていました。規則正しく、そしていつもどおりが安心する感じだったので。

———(うめはらさん)

シンプルに、最低限のものだけを設置しています(給水ボトル、ペレット入れ、牧草フィーダー、三角トイレ)。また、エアコンの風が直接当たらないよう、ケージ前のサークルの一部に布をかけています。

———(ルークママさん)

Chapter4

ウサギの食事

適切な食事を与えることが、ウサギの健康の鍵を握っているといってもいいでしょう。ウサギには主食として、たっぷりの牧草を食べさせてください。

ウサギの主食・牧草

草食動物に適した食事

ウサギは草食動物です。ずっと伸びつづける歯も、植物から栄養を摂取する盲腸のしくみも、植物を食べるために発達しています。ペットのウサギに与える食べ物も「草」が基本です。なかでも、一年を通して入手可能で、歯も消化管もしっかりと働かせることができる「牧草(乾牧草)」がウサギの主食です。

牧草のいいところは、食性に合っていることや栄養面のよさだけではありません。繊維質が多く、十分にすりつぶして食べる必要があるため、食事をするのに時間がかかります。これは野生のウサギの暮らし方にも合っています。

牧草には多くの種類があります。大人のウサギにはイネ科の牧草を与えます。一番のおすすめはチモシー１番刈り（その年の最初に刈り取られたもので、繊維質が豊富）です。マメ科のアルファルファは栄養価や嗜好性が高い牧草です。成長期の子ウサギや食の細くなった高齢のウサギ、また、大人ウサギのおやつにもいいでしょう。牧草を食べ慣れないウサギには、牧草をキューブ状やペレット状にしたものから慣らしていくこともできます。

右ページに挙げたほかにもたくさんの種類があるので、ウサギ専門店などで見てみるといいでしょう。ウサギの好みを見つけておくのもいいことです。

〈食事の与え方の一例〉

ペレットは朝と晩の２回に分けて与えます。そのほかに、飲み水も用意します。

牧草は常にケージ内にあるよう、補充しましょう。

野菜を与えるときは、夜に与えましょう。

〈おすすめの牧草〉

チモシー１番刈り

ウサギの主食として最適なのがイネ科のチモシー１番刈り。繊維質が豊富。好きなだけ食べさせて。

〈用途に合わせて〉

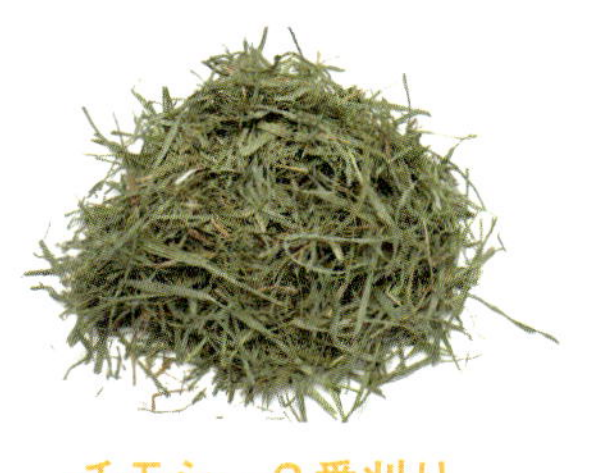

オーツヘイ

オーツ麦（えん麦）の牧草です。香りがよくて嗜好性が高いので、牧草に慣らすのに使うことも。

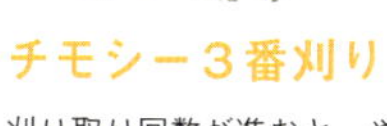

チモシー３番刈り

刈り取り回数が進むと、やわらかな歯ごたえの牧草になります。歯の弱い子や牧草に慣れていない子に。

アルファルファ

マメ科の牧草。栄養価が高いので大人ウサギの主食にはなりませんが、おやつ程度に与えても。

キューブ牧草

チモシーやアルファルファをキューブ状にしたもの。遊びながら牧草に慣れてもらうこともできます。

ペレット牧草

牧草をペレット状に固めたタイプ。牧草が苦手なウサギや、牧草の粉で人にアレルギーが出る場合にも。

牧草の選び方

牧草は、よく乾燥して香りがよく、ほこりっぽくなく、カビが生えたり虫がわいたりしていないものを選びましょう。いちいち開封して確認できないですし、ネット通販だと現物を見ずに選ぶことになります。店舗なら日差しが当たるところに牧草を展示していたりしない店で、店舗・ネット通販いずれの場合も商品の回転のよい店（人気のある店ともいえるかと思います）で購入しましょう。

同じ牧草でも、産地（アメリカ、カナダ、国産）による好みもあるので、あまり牧草を食べてくれない場合には産地を変えてみる方法もあります。

また、飼い主に牧草アレルギーがある場合は、粉をよくふるったタイプも販売されています。

牧草の与え方

牧草は、いつでもウサギのケージの中に入れておくようにします。ペレットや野菜類は時間を決めて与えますが、牧草は、少なくなってきたなと思ったら補充してください。牧草のなかでも特にチモシー１番刈りの茎は、切り口が鋭くなっているので、与えるときにウサギの目などを傷つけないようにしてください。

与えた牧草がまだ残っていても、一日に1回はすべて新しいものに交換しましょう。時間がたつとしけってきたり、香りが弱くなったりするため食べなくなります。また、ケージの床に置いている場合などは、排泄物や抜け毛などで汚れることもあります。

チャックつきの袋は、開けたあとはしっかり閉じておきましょう。

牧草入れを使ったり、床に置いて与えたりします。

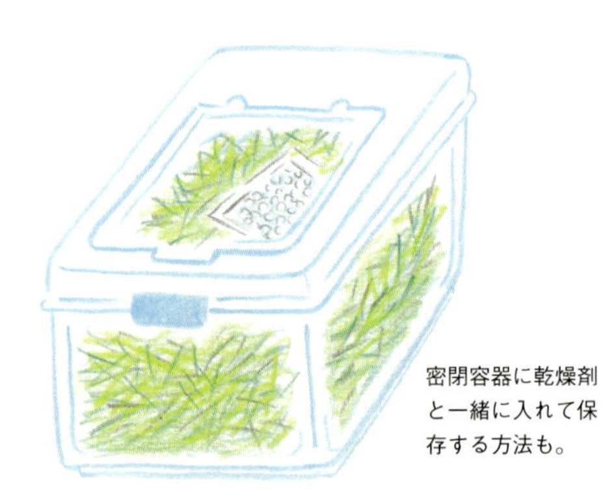

密閉容器に乾燥剤と一緒に入れて保存する方法も。

大切な副食・ペレット

栄養バランスのために

　ペレットはラビットフードともいいます。ウサギ用の場合は、牧草をはじめとした原材料を粉末にし、固形状にしたもののことです。個別の食材をいろいろ与えても好き嫌いによって偏りが出ますが、ペレットなら、さまざまな栄養をバランスよく摂取することができます。ウサギには主食として牧草をたっぷり与えますが、牧草だけでは不足しがちな栄養を与えられるので、必ず毎日、決まった量を与えましょう。

　ペレットにはハードタイプとソフトタイプがあり、主流は噛んだときに崩れやすいソフトタイプです。製造時に発泡という工程があるためで、ハードタイプよりも歯への負担が少ないとされています。

表示を確認しよう

　パッケージに書かれた表示を確認しましょう。成分はタンパク質12%、繊維質20～25%、脂質2%が目安です（大人ウサギ）。繊維質は多くてもいいですし、成長期ならタンパク質は多めがいいでしょう。

　原材料は、アルファルファがベースのものが多いですが、チモシーが主原料のものもあります。通常はどちらでも問題ありません。

　賞味期限や製造年月日も確かめます。賞味期限は開封しないでもつ期限のことです。開封して空気にふれると鮮度が落ちていくので、なるべく早く使い切れるよう、容量の少ないものを選ぶといいでしょう。

　ペレットには、ライフステージ別（成長期用、大人用、高齢用）などさまざまな種類があります。ウサギ専門店でショップスタッフと相談しながら選ぶのもいいでしょう。

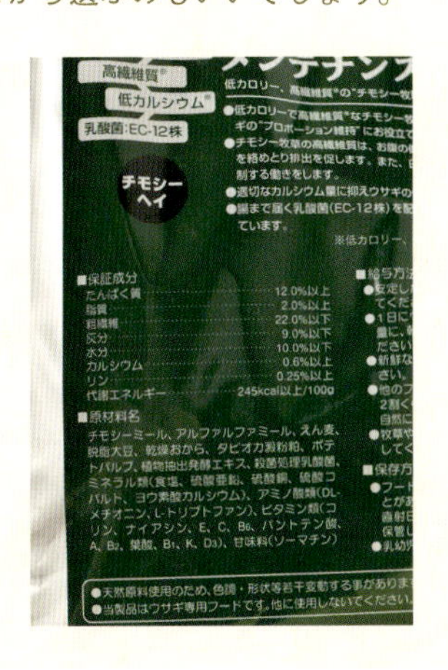

ペレットの与え方

ペレットは一日に２回、朝晩に与えるのが基本です。１回だけなら、夜に与えます。

与える量については、体重あたり１％から５％までさまざまな意見があります。まずペレットのパッケージに書かれたもの（体重あたり５％など）をベースに与えます。そのあと、ウサギが太りすぎていないか、フンの状態がいいかなどを確認しながら、大人のウサギなら１～２％くらいまで減らしていきましょう。このさい、いきなり減らしたりせず、必ず徐々に減らしてください。ただし、成長期は体重の５％を目安に、やや多めに与えてもいいでしょう。

◆ペレットを変えるとき

ペレットの種類を変えるときは慎重に行ってください。急に違う種類のものを与えても食べないことがあります。もともと与えていたペレットを少しだけ減らし、そのぶん、新しいペレットを加えます。この割合を徐々に変えていき、時間をかけて切り替えるのが基本です。

大人のウサギ用

ラビットプレミアムフード　シンバイオティクスブレンド（GEX）

成長期用

バニーセレクションプロ・グルテンフリー　グロース（イースター）

高齢用

スペシャル・ブルーム（WOOLY）

肥満・高齢用

ラビット・プラス「ダイエット・ライト」（三晃商会）

そのほかの副食

メニューの幅を広げて

牧草とペレットだけでもウサギを健康に飼うことができますが、そのほかの食材もメニューに加えるといいでしょう。食事に変化が出ますし、味や歯ごたえのバリエーションが多いことは、ウサギにとっても喜びでしょう。旬の食材を飼い主とウサギが一緒に楽しむなど、自分で選ぶ楽しさもまた魅力です。

メニューの幅が広ければ、食欲不振時などいざというときに与えられる食材が増えます。さまざまな食材から得られる微量な栄養素を摂ることもできます。

なお、子ウサギには消化器官の働きが安定する生後４ヶ月すぎくらいから、徐々に与えるようにしてください。

◆ 与える量の目安

野菜：カップ１杯程度。牧草やペレットをしっかり食べているか、フンがゆるくなったりしないかを確認しながら。

野草・ハーブ：少量。薬効がある食材ですから、大量に与えすぎないように。

果物：少量。糖分が多く、肥満の原因になりやすいので注意。

〈野菜〉

コマツナ

ニンジン

キャベツ

チンゲンサイ

〈野草・木の葉〉

〈ハーブ〉

〈果物〉

おやつの与え方

おやつは上手に利用しよう

おやつは、ウサギの大好物のことです。食器に入れてケージ内に置くのではなく、コミュニケーション手段として飼い主が手から与えたり、ご褒美やしつけの手段として与えます。

乾燥パパイヤや穀類などさまざまなおやつが市販されています。そのほかに、ここまでに紹介している野菜や果物もおやつになります。また、ペレットが大好きならペレットをおやつに使うこともできます。おやつの問題点には「ついつい与えすぎてしまう」というものがありますが、一日に与えるペレットの中から「おやつ用」を別に分けて与えれば、与えすぎを避けることもできます。

〈おやつ〉

パパイヤ(乾燥)

クコの実(乾燥)

オーツ麦 圧ぺん

キャリーバッグに慣らすため、その中でおやつを与えて「楽しいところ」と思ってもらうのにも使えます。

水の与え方

必ず毎日、用意して

毎日必ず、きれいな飲み水を与えましょう。野菜を多めに与えていると、あまり飲まないこともありますが、いつでも飲めるようにしておいてください。

◆ 水を入れる容器

給水ボトルを使うのが一般的です。そのメリットは、水が汚れにくいので汚れるたびにこまめに交換しなくてもすむこと、飲んだ量を確認しやすいこと、ウサギが水のお皿をひっくり返して体を濡らしたりケージ内が不衛生にならないですむことなどがあります。

ウサギが給水ボトルを使えない場合や、こまめに水の交換ができる場合、高齢や病気のために給水ボトルから水が飲みにくい場合などは、お皿で与えることもできます。

◆ 水の準備

日本の水質基準は厳しいので、水道水でも問題ありません。カルキ臭が気になる場合は、汲み置き（口径の広い容器に水を入れて日差しの当たる場所に一日置く）、湯冷まし（やかんのふたを開け、10分くらい沸騰させ、冷ます）といった方法もあります。カルキが抜けている分、水質が悪くなりやすいので、特に暑い時期にはこまめな交換が必要です。

ミネラルウォーターなら、ミネラル分の多い硬水ではなく必ず「軟水」を選んでください。

浄水器を使う場合はフィルター交換をこまめに行いましょう。

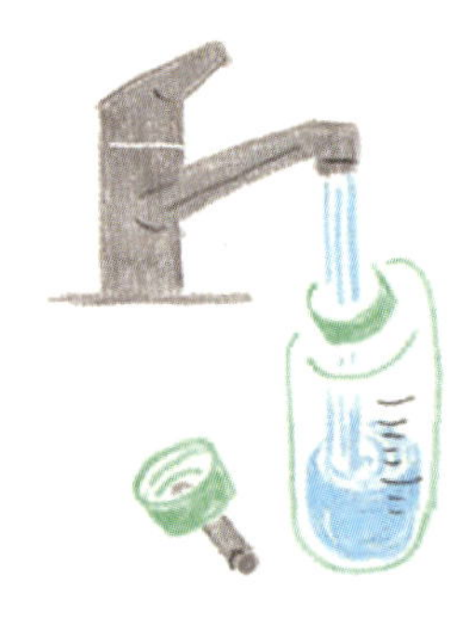

水は水道水をそのままや、汲み置き、湯冷ましなどの方法があります。

与えてはいけないもの

安全・安心なもの だけを与えて

ウサギには、安全・安心だとわかっている食べ物だけを与えるようにしましょう。牧草とペレットのほかに、「絶対に与えなくてはならない」ものはないので、「大丈夫かな？」と不安なものは与えないことです。

◆ NGの食べ物

【いたんでいるもの】

カビたり腐っているもの。カビたピーナッツやトウモロコシは猛毒です。ペレットや牧草でも、古くなったら与えないでください。

【毒性のあるもの】

玉ネギ、長ネギ、ニラなどのネギ類、ジャガイモの青い皮や芽、アボカド、生の大豆、熟していない果実や種子などが知られています。

【人のために加工・調理されたもの】

惣菜やお酒などは論外ですが、お菓子類も与えないよう気をつけて。チョコレートはウサギには毒性があります。出しっぱなしにしていて食べられたというケースもあります。

【そのほか】

牛乳は下痢をすることがあります。幼いウサギにミルクを与えるときはヤギミルクなどを。野菜のなかでホウレンソウは、シュウ酸という成分がよくないとされています。また、「食べ物」ではありませんが観葉植物には毒性のあるもの（ポトスなど）もあるので、ウサギの行動範囲に安全ではない植物を置かないようにしましょう。

ウサギには安全・安心なものだけを。野菜だからといっても野菜炒めやサラダはNGです。

column4

飼い主さんに聞いた

わが家の工夫（食事編）

けっこう食べ物の好みにうるさいウサギたち。皆さんはどんな食生活の工夫をしているのかを伺いました。

チモシー、ペレットともに数種類をブレンドしています。 ―――（りぼん。さん）

太りやすい体質の子には１回のペレット量が4g（獣医師の指導による）なのですが、それでもまだ内臓脂肪が多くうっ滞を起こしやすい性質なので、現在は2、３種のペレットと数種の牧草ペレットを７：３くらいの割合にブレンドして与えています。量は保たれるので満足……という、だましの手口です（笑） ―――（ちょびすけっとさん）

なぜかわが家のウサギは少食な子ばかりで苦労しています。もったいないですが、丸一日経過した牧草は捨てて、常に新しい牧草とお水を。水はより自然な環境下に近いようお皿からあげています。水入れの場所はしょっちゅう変わりますが、水の容器を探すので運動とボケ防止になるかなと勝手に推測しています。夏は一日に何回も水を替えます。 ―――（J ママさん）

ペレットはロットが変わって急に食べなくなることを避けるため、特徴の異なる３種類をブレンドしてあげています。咀嚼を多くするために粗い牧草が入った歯にいいもの、腸まで届く乳酸菌が入ったお腹にいいもの、毛艶がよくなり、毛の排出を促す効果のあるもの、という３種類です。 ―――（さーやさん）

新鮮な野菜をいつも捜し求めていました。産直コーナーはいつもお友だち。具合の悪いときに食べてくれる可能性のある野菜の選択肢が多いほうがいいので、食べていい野菜はいろいろと変化させながらあげていました。 ―――（うめはらさん）

Chapter5

ウサギの世話

掃除や食事の用意は、毎日欠かせないウサギの世話の基本です。季節ごとの対策やグルーミング、留守番させるときのことなど、さまざまな世話について知りましょう。

毎日の世話

快適な環境と健康のために

ウサギの世話は毎日必ず行いましょう。住まいを衛生的に保ち、健康にすごしてもらうためでもありますし、同じ空間で暮らす飼い主の快適さと健康のためでもあります。

基本的な世話には、「掃除」「食事」「健康管理」「コミュニケーション」などがあります。トイレを覚えていないと掃除に時間がかかる、人と遊ぶよりもひとりでいるほうが好きならコミュニケーションの時間が短いなど、ウサギの個性や状況によってかかる時間や手順は異なります。ここで紹介している世話の一例を参考に、「わが家の方法」を決めていくといいでしょう。

掃除などの世話は、ウサギが起きている時間帯に行いましょう。遊ばせている間に行うのが一般的です。生野菜などいたみやすいものを食べ残していたら、ウサギが寝ている時間であってもケージから出しましょう。

◆ 掃除は「こぎれい」が適切

掃除は毎日必要ですが、かといって、ケージ中をぴかぴかにみがきあげることはありません。ウサギは、自分のにおいがある程度残っていないと不安です。

ケージ全体を洗うのは時々にし、毎日の掃除では排泄物や食べこぼし、抜け毛などを取り除き、必要に応じて除菌消臭剤を使って拭き掃除をする、「こぎれい」程度が適切です。

排泄物の状態をチェックしながら汚れたトイレ砂を捨て、網や容器も拭き掃除。

ケージ底のトレイにも排泄物や食べ物が落ちています。敷いているペットシーツを交換。

食事をケージ内に。「ごはんだよ」と声をかけてあげましょう。

たくさん残っていても飲み水は毎日、交換します。そのつどボトルはゆすぎましょう。

楽しいコミュニケーションタイム。短い時間でもいいので必ず行うといいでしょう。

体をなでながら健康チェック。さわるといやがるところがないかなど確かめましょう。

〈掃除に便利な除菌消臭剤〉

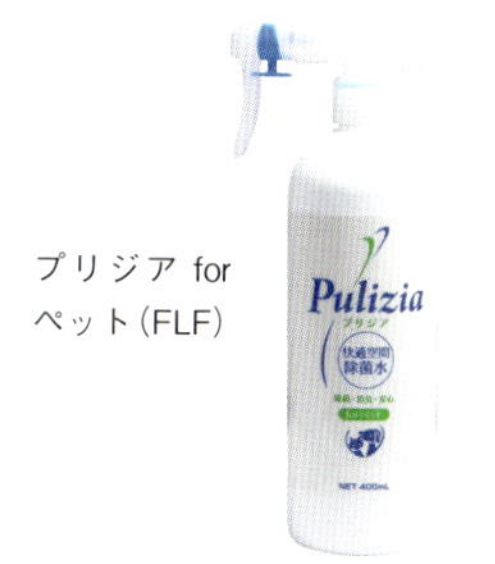

プリジア for ペット(FLF)

うさピカ　毎日のお掃除用(GEX)

ヒノキア　除菌消臭剤 無香料(GEX)

時々する世話

◆週に１回を目安に

時間がかかることや、ひんぱんに行わなくてもいい世話もあります。

給水ボトルのこすり洗いや、食器、ボトルの殺菌洗浄などを行いましょう。

トイレに尿石がこびりつきやすいなら尿石取りを行っておきます。ブラッシング（長毛種なら毎日）、体重測定などもあります。

◆月に１回を目安に

時々する世話の頻度は、汚し具合などにもよります。

ケージをトレイと金網部分に分解して、スポンジでこすりながら水洗いしましょう。ケージ内のグッズも汚れるので時々洗いますが、「ケージ」「グッズ」は別々のタイミングで洗ってください。ウサギのにおいがすべてなくなってしまうのを避けるためです。

爪切りも月に１回が目安です。エアコンや空気清浄機のフィルターもチェックしましょう。

ブラッシングも定期的に。短毛種でも週に１回は行うといいでしょう。

月に１回はケージを丸洗い。洗ったあとは天日干しが理想的です。

給水ボトルの内側は、ボトル洗い用のスポンジを使ってこすり洗いします。

トイレのしつけ

しつけは可能、でも無理せず

野生のウサギは決まった場所に排泄をする習性があるので、ペットのウサギにトイレを覚えさせることも可能です。

基本的な教え方は以下の手順です。まず、ケージの隅にトイレを設置します。この場所で排泄してくれればいいのですが、違う場所で排泄することもあるでしょう。そのさいのフンやオシッコをぬぐったティッシュペーパーなどを、トイレ砂の上に置きます。違う場所は除菌消臭剤できれいに掃除し、においを残さないようにします。そうするとウサギは次から、排泄物のにおいがあるトイレで排泄するようになる、というわけです。

これを何度か繰り返し、どうしても違う場所でするようなら、トイレの位置を変えましょう。

どうしても覚えてくれないこともありますが、それもしかたのないことです。叱ったり、神経質になったりせず、おおらかに考えてください。

なお、オシッコはトイレでしても、フンはしないことも多々あります。

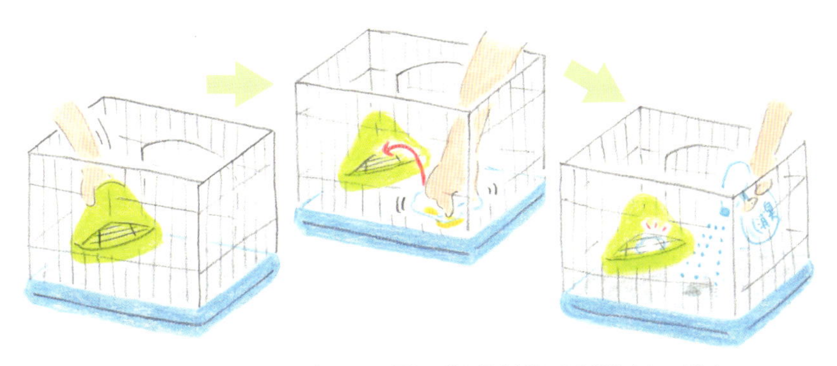

においのついたティッシュをトイレに置き、違う場所を汚したら掃除するのが基本。

季節対策

暑さ対策

エアコンの設定温度の確認とともに、ケージ近くの温度計でも確認を。

ウサギは暑いのが苦手です。夏場は必ず、暑さ対策を行ってください。5月の大型連休の頃から10月近くまで暑い日がつづく地域もあります。

日本のほとんどの地域では、暑さ対策にはエアコンが欠かせません。ウサギは、エアコンのない部屋では飼えません。特に暑い時期にはずっとつけっぱなしにする覚悟をしておきましょう。

ウサギに適した温度の目安は25℃くらい、湿度が低いうえで28℃くらいまででしょう。30℃を超えることのないようにしてください。ケージの中に設置できる、小動物の冷却グッズも活用しましょう。保冷剤を使うときは、ウサギが直接ふれないようにしてください。

ケージの置き場所も見直してください。昼間、明るいのはいいことですが、窓から差し込む直射日光が当たらないように、また、エアコンからの風が直接当たらないように気をつけましょう。

〈暑さ対策グッズ〉

テラコッタトンネル L
（三晃商会）

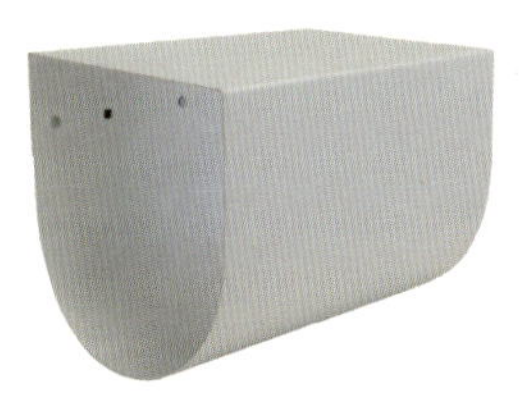
うさちゃんのひんやりアルミトンネル（マルカン）

寒さ対策

ウサギは寒さには強いといわれますが、なにもケアしなくていいわけではありません。特に、底冷えする家屋、幼いウサギや高齢のウサギ、病気のウサギがいる場合などは、寒さで体調を崩さないよう注意が必要です。温度は18〜20℃くらい、健康なウサギなら最低でも15℃以上になるようにしてください。

部屋を暖めるのはエアコンが安心です。ウサギが直接さわれる場所でストーブは使わないようにしてください。

温度計は必ずウサギの近くに置きます。いくら部屋を暖めていても、暖かい空気は上昇するため、ウサギのいるところは寒いことがあるのです。

また、冬場は乾燥しやすいので、加湿器などを使って人が不快でない程度にはしておいてください。

さまざまなタイプのペットヒーターが市販されているので活用しましょう。

………〈寒さ対策グッズ〉………

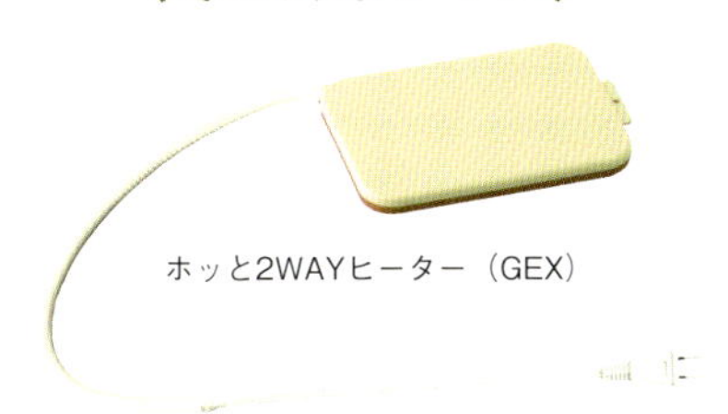

ホッと2WAYヒーター（GEX）

遠赤外線 マイカヒーターII（みずよし貿易）

そのほかの季節

春や秋はすごしやすい季節ですが、昼間は暖かいのに朝晩は冷え込んだり、暖かい日がつづいたと思ったら急に寒くなるなど、寒暖の差がとても大きな季節でもあります。朝は涼しいのでエアコンは入れずに出かけたら、昼間は真夏日になった、などというのはよくあることです。天気予報をよく確認しておきましょう。

自分で快適な場所に移ったり、服を脱ぎ着したりできないのがウサギです。すべての季節で注意を払うようにしてください。

ウサギのグルーミング

定期的にブラッシングを

ウサギの大切な世話のひとつにグルーミング（ブラッシング）があります。

ウサギには年に4回、毛が生え変わる換毛期があり、特に春（冬の毛から夏の毛へ）と秋（その逆）の換毛期にはたくさんの毛が生え変わります。これらの時期だけでなく、ウサギの毛は毎日、少しずつ生え変わっています。

ウサギは自分の体を舐めて毛づくろいしますから、そのときに抜けた毛も食べてしまいます。消化器官がきちんと動いていればこうした毛は排泄されるのですが、消化器官の働きが悪いとたまってしまうことがあります。

こうしたことを避けるため、また、毛の汚れを取り除いたり、グルーミングしながら体の状態を点検するためにも、定期的にグルーミングを行いましょう。

毎日できる簡単な方法としては、手にグルーミングスプレーを拭きかけて濡らし、毛にもみこんでからなでて抜け毛を取り除く、「ハンドグルーミング」があります。そのほかに週に1回くらいは、スリッカーブラシやラバーブラシなどの小動物用ブラシでブラッシングしてあげましょう。

ウサギ専門店でグルーミングサービスを行っていることもあるので、お願いするのもいいでしょう。特に長毛種のウサギを迎えた場合には、グルーミングの方法を教えてもらい、家でも行うといいでしょう。

ハンドグルーミングは毎日簡単にできる抜け毛を取り除く方法です。

毛を持ち上げるようにしながら少しずつブラッシングします。

〈グルーミング用品〉

天使のうさぎ スリッカーブラシ（マルカン）

グルーミング集毛器（川井）

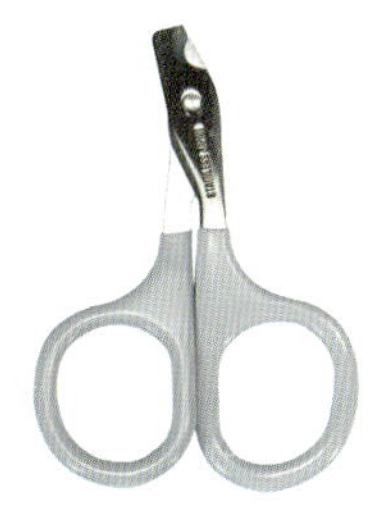
ネイル・クリッパー（三晃商会）

爪切り

野生のウサギは、穴を掘ったりあちこち移動したりするときなどに爪が削れますが、ペットのウサギはそうした機会がないため、爪が伸びすぎることがあります。狭い隙間やループ状の布などに引っ掛けたり、毛づくろいのときに目を傷つけたりする心配があるので、月に１回程度、爪切りをしましょう。

小動物用の爪切りを使います。ウサギの爪には血管が通っているので、一気に短くしようとすると血管を傷つけて出血します。爪の先端を少しだけ切るようにしましょう。

ウサギがじっとしていなかったり、自分でやるのに不安があるときは、ウサギ専門店やウサギを診てもらえる動物病院でもやってもらえます。やり方を教えてもらっておくといいでしょう。

血管を傷つけないよう、先端を少し切るようにします。

抱っこしやすい方法で爪を切ります。無理せず一日１本ずつでもOK。

ウサギの留守番

日帰りのときは

学校や仕事なども含め、日帰りで出かけるときなら、ウサギだけで留守番させることができます。出かけるときには、行ってくるねと声をかけて安心させてあげるといいでしょう。

人がいるときはケージから出して遊ばせている場合でも、留守にするときは必ずケージの中ですごさせるようにしてください。食べ物、特に牧草は十分にケージの中に入れ、飲み水も忘れず用意しましょう。夏はエアコンをつけておきます。冬もエアコンが安心です。春や秋は天気予報を確認して温度管理をしてください。

泊りがけのときは

ウサギだけを残して出かけられる長さは、ウサギが健康な大人で、温度管理がエアコンででき、給水ボトルで水が飲めることを条件に1泊程度でしょう。エアコンで適切な温度設定をし、牧草を多めに用意。給水ボトルを落とす癖のあるウサギなら2本つけておくと安心です。

留守番させられないときは、ペットホテル（ウサギ専門が安心）に預けたり、体調がよくない子ならかかりつけの動物病院に相談してみましょう。ウサギを頼めるペットシッターも増えつつあるようです。お友だちに預けたり、世話をしに来てもらうこともできるでしょう。

毎日留守番をしているウサギも多いもの。出かけるときには声をかけて。

給水ボトルを落とす癖のある子には2本つけておくと安心です。

ウサギとのお出かけ

負担の少ない移動方法で

通院やどこかに連れていくときなど、ウサギと出かける機会も少なくありません。そのさいは、なによりウサギに負担のかからない方法を選びましょう。

ある日いきなり見知らぬキャリーバッグに入れられてゆらゆら揺らされるのでは、ウサギもびっくりしてしまいます。近々に出かける予定がなくても、キャリーに慣らす練習をしておくといいでしょう（61ページのイラスト参照）。

また、夏場は早朝や夜間に移動するなど、可能なら厳しい気温の時間帯は避けたいものです。避けられないときは、冬は保温性のいい、夏は風通しのいいキャリーを選び、ウサギの体に直接ふれないようにカイロや保冷剤を使ってもいいでしょう。

◆ 車中での熱中症には要注意

自家用車での移動は、車中にエアコンやヒーターがありますし、電車移動のようにほかの乗客にも気をつかわなくてすむので、ウサギ連れのときには便利です。ただし、むやみに車中でウサギをキャリーから出さないこと、そして急ブレーキでケージが飛ばないよう、シートベルトで固定するようにしてください。

また、日差しが強いと車中はあっという間に暑くなります。ちょっとだけだからとウサギを置いたままで車から離れることのないようにしてください。夏に限らず春先くらいから注意が必要です。

ちょっとした油断が熱中症を起こします。日差しが強い時期は要注意。

column5

飼い主さんに聞いた
わが家の工夫（お世話編）

日々の掃除は季節対策、留守番対策など、ウサギのお世話もいろいろ大変。飼い主さんはどんな工夫をしているのでしょう。

室温計で日々最高最低気温をチェック。天気予報を活用し、すごしやすい室温に保つよう気をつけています。

———（和也さん）

１泊くらいの留守番はよくあるので、そのさいはウォーターボトルを２本立てています。また、牧草キューブやハングトイなどを入れて、楽しみながら時間つぶしになるようにしてあげています。

———（ちょびすけっとさん）

節約できるところは節約しています。ケージのトレイにはペットシーツではなく新聞紙を敷きます。トイレ掃除には水にクエン酸（100円ショップで売っています）を入れたスプレーボトルを作って、尿石を取りながら掃除を。また、夏場に停電したとき、エアコンは自動的に再起動しないため、自動再起動する機械を別途取りつけました。

———（さーやさん）

エアコンを入れたときの外気温と室温の違いを想定しながら、的確な温度を朝、想定していくのが毎日難しかったです。外れたら体調を崩すため、毎日の天気予報チェックは欠かせませんでした。以前飼っていたウサギが、自分がいないときに体調を崩しやすかったこともあり、どこに行くにも日帰りでした。

———（うめはらさん）

幸い実家が近いので、帰宅が遅くなるときにはあらかじめ鍵を預けて様子を見てもらったこともありますし、外出先からチェックできるカメラも設置しました。また、真夏にエアコンが故障してケージごと別の部屋（エアコンつき）に移動したこともあるので、本格的に暑くなる前のお手入れや点検をおすすめします。

———（ジョセママさん）

Chapter 6

ウサギとのコミュニケーション

ウサギは感情表現ゆたかで、人の気持ちにもよりそってくれるやさしい動物。そんなウサギといい関係を作り、一緒に遊ぶのも楽しいものです。

ウサギのキャラクターを理解しよう

もともとの性質と今のウサギたち

◆ 本来は臆病な動物

ウサギは人とのコミュニケーションを楽しめる動物です。そのためにはウサギがどんな性質なのかをよく理解して接することが必要です。野生のウサギを考えてみましょう。ウサギは野生下では生態系の下位にあり、肉食動物の捕食対象になっている動物です。天敵の存在に気がついたら、素早く逃げなくてはなりません。ですから警戒心が強く、臆病で怖がりなのがウサギの本来の姿です。

◆ 家庭に入ったウサギの変化

ペットのウサギにもそういうタイプはいます。怖がりだということを理解しながら少しずつ慣らしていかないと、恐怖心ばかりが積み重なってしまいます。

一方で、とても大胆なウサギもいます。学習能力もありますから、怖くないんだということがわかってくると、人や、ときには犬や猫が近くにいてものびのびふるまうこともあります。

なでられるのが好きでも抱っこはいやがるウサギもいます。体をつかまれるのは、天敵に捕まるようなものなので、どうしても耐えられないのでしょう。

このように、家庭内で見せてくれる様子はさまざまですが、ウサギのキャラクターの最も基本となるものは、警戒心が強い、臆病、といったものだということは心に刻んでおきましょう。

ウサギは本来臆病。飼育下でもそんな子もいれば、大胆不敵な子もいます。

ウサギの個性を愛そう

ウサギは驚くほど個性ゆたかです。そのバリエーションは人にだって負けていません。とてもきちょうめんで、変化を嫌うウサギもいれば、おおざっぱなウサギもいます。飼い主さんを愛してやまないウサギもいます。野生のウサギは群れの中での優劣をつけますから、この家では自分が一番えらいのだと思っているようなウサギもいます。その反面、人に従順なウサギもいます。このように並べていくといつまでも終わらないほどなのです。これがウサギの魅力でもあります。

こうしたウサギの個性を受け入れ、理解し、愛することが、ウサギとのコミュニケーションの入り口になります。

有名なドラマのセリフに「ウサギは寂しいと死んじゃうんだから！」というものがありました。寂しくても死なないのですが（放っておいて体調変化に気づかない場合は別です）、飼い主に注目されていないと不安になるウサギはいます。そんなウサギには常に声をかけてあげ、安心させてあげる必要があります。

ウサギを迎えたら、日々を積み重ねていくなかで、その子の個性を把握しましょう。望んでいた個性ではないこともあるかもしれません。それでも、ウサギと向き合いながらコミュニケーションを深めていけば、かけがえのない存在になってくれるはずです。

飼い主への愛が深くていつもうしろをついてくるタイプ。

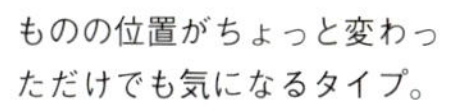

もののの位置がちょっと変わっただけでも気になるタイプ。

常に自分が一番じゃないと気がすまないタイプ。

ウサギの慣らし方

あせらずに信頼関係を作っていこう

ウサギを家庭に迎えたら、時間をかけて慣らしていきましょう。人や環境に慣れるまで、ウサギは大きなストレスを感じています。「ここは安心、幸せ」と思ってもらえるよう、あせらずあわてず、愛情とやさしさを大切にしながら接していきましょう。

81ページで紹介しているのは慣らし方の手順の一例です。なかには最初から慣れているウサギもいますが、通常はひとつずつステップをふんでいきましょう。うまくいかないな、と思ったら無理をせず、最初から関係を作り直してみてください。

◆接するときに気をつけたいこと

前述のように、もともとウサギは臆病です。慣れてきたなと思っても、大きな声を出したり、乱暴に扱ったりすると恐怖心をもってしまいます。「怖い」という気持ちは心に刷り込まれ、なかなか消えにくいものです。ウサギを驚かせることのないよう気をつけましょう。こちらの思ったようにならないときも、叱ったりしないでください。

もうひとつ大切なのは、飼い主が怖がったりビクビクしないことです。緊張感をもった動物（人）がそばにいるということは、ウサギにとっては「襲われるかも」ということですから、ウサギも不安になってしまいます。常におだやかでおおらかな気持ちで接しましょう。

〈迎えた日からの慣らし方〉

1．迎えたばかりの数日はウサギも緊張しています。新しい環境や飼い主の存在に慣れてくるまではむやみにかまわず、簡単な世話をするだけにしておきます。

2．食事をケージに入れるときには声をかけます。飼い主の声とうれしいこと（食事をもらえる）が徐々に結びついていきます。

3．飼い主がケージのそばにいることに慣れてきたら、好物を乗せた手をケージの中に入れてみましょう。寄ってきてくれるのを待ちます。

4．好物をすぐ食べてくれるようになったら、ケージの中で体をなでてみましょう。最初はごく短い時間からはじめてください。

5．なでてもいやがらなくなってきて、室内が安全なら（86ページ参照）、部屋で遊ばせてもいいでしょう。ケージからは飼い主が抱き上げて出します。

6．部屋では無理においかけたりせず、ウサギが近くに寄ってきたら好物をあげたりなでたりします。人のそばは安心だしうれしいと思ってもらいましょう。

抱っこの方法

やさしく根気よく練習を

ブラッシングや爪切り、健康チェックなど、ウサギの世話や健康管理に必要となるのが抱っこです。なでられるのは好きでも抱っこは好きではないというウサギも少なくないですが、抱っこできるに越したことはありません。また、高齢や病気で具合が悪くなり、世話のために抱っこが必要になったとき、抱っこに慣れていなければウサギが感じるストレスはとても大きなものになります。なによりウサギのために、抱っこの練習をしておきましょう。

◆抱っこの手順

まずはウサギをなでられるようにしておきます。人の手に対していやな印象をもたせないよう、なでたらおやつをあげてもいいでしょう。

実際に抱っこするときはウサギの前側に座ります。必ず、床に座るようにしてください。そしてお腹とお尻を支えるようにして持ち上げ、すぐに膝の上に乗せます。いつまでも宙に浮かせていると暴れますから気をつけましょう。膝に乗せたら、そっと包み込むように体を支え、いい子だねと声をかけてあげましょう。そして、ウサギがいやがって暴れる前に、床の上に戻します。

抱っこできる時間を少しずつ長くし、

1．抱っこするときは床に座り、ウサギと向き合うようにしましょう。

2．お腹とお尻を支えるように持ち上げて、すぐに膝の上に乗せます。

3．いい子だねと声をかけながら包み込むように体を支えてあげましょう。

脇で顔をはさむようにすると、おとなしくしてくれます。お尻も支えて。

膝の上で体をなでたりしてみましょう。

よりウサギの体をしっかり支え、慣れてくればウサギを移動させるときにも使える抱っこは、お尻を支え、脇でウサギの顔をはさむようにする方法です。目を隠すと、おとなしくなります。

◆専門的な抱っこ

動物病院での診察やウサギ専門店でのケアのさい、ウサギをあおむけに抱くことがあります。こうすると反射的におとなしくなるためですが、慣れないと危ないですから、安易に真似をしないほうがいいでしょう。

◆よくない抱っこ

ウサギがこちらに気づいていないようなときに、いきなり抱き上げるのはやめましょう。ウサギにしてみれば、猛禽類に空から襲われたようなものです。

また、慣れていないうちは必ず、床の上に座って抱っこしてください。移動させるときは面倒でもキャリーバッグを使うのが安全です。

野生のウサギには人に狩猟される動物という側面もあり、猟師が狩ったウサギの耳をもって運んだりしますが、飼育しているウサギの耳をつかんで持ち上げるようなことはしてはいけません。

いきなり後ろからアプローチしてウサギを驚かせないようにしましょう。

慣れないうちは必ず座って抱っこを。抱いたままで歩くと危ないです。

ウサギとの遊び

ウサギと遊ぶ目的

ウサギは遊ぶのがとても好きです。自分だけで遊ぶのを楽しんでいるようなウサギもいますし、飼い主と一緒に遊ぶのが好きなウサギもいます。

◆コミュニケーション

ウサギと遊ぶことにはいくつかの目的があります。まず、飼い主とウサギとのコミュニケーションです。楽しい時間を一緒にすごすことで、ウサギと飼い主との絆が深まります。そばにいればうれしいと感じてくれるようになるでしょう。

◆本能的な満足感

遊びのなかにはウサギがもともと行っている生得的（本能的）な行動もあります。穴掘りやトンネルくぐりなどがそれにあたるでしょう。こうした行動をすることで精神的な満足感があるだろうと考えられます。

◆退屈しのぎや気分転換

また、退屈しのぎや運動にもなります。食べ物も寝床も常にきちんと用意されている生活は、満ち足りていますが刺激が足りないともいえます。ストレスになるような刺激では困りますが、おやつをあちこちに隠して探させるなどの楽しい刺激もあります。運動に関しては、野生のウサギに比べたら家庭での運動量はほんのわずかですが、よい気分転換にはなるでしょう。

できるだけ毎日、ウサギと一緒にすごし、遊ぶ時間を作りましょう。

立てた膝をトンネルにみたてたトンネルくぐりごっこ。

本来の行動をすることで本能的な満足感を得られることも。

部屋の中を走ったりジャンプするのも楽しい時間。

1匹での遊び

◆かじるおもちゃ

ケージの中にいるときの、1匹での遊びの代表といえば、「かじるおもちゃ」でしょう。床に置くタイプ、吊り下げるタイプ、金網に取りつけるタイプなどがあります。

よく「歯を削るためにかじるおもちゃを与えましょう」といわれますが、これはちょっと違っています。ウサギの歯は、ものを食べるときにこすり合わせることで削られ、適度な長さが維持されています。ただ、ものをかじるのは本能的な行動のひとつですから、かじってもいいもの、よくないものを問わず、かじりたがることはあります。天然の植物でできた安全な、かじるおもちゃを用意してあげましょう。

かじるおもちゃはしばらくするとボロボロになってきます。放置しておくとオシッコがしみこんだりして不衛生なので、適当な時期に交換しましょう。

◆そのほかのおもちゃ

ほかには、穴掘り行動を再現させる場所（ダンボール箱やプランターなど）を用意して、穴掘り遊びをさせることもできます。市販のトンネルや、ダンボール箱などを使った手作りトンネルも喜ぶウサギは多いでしょう。

遊びに関しても個性はあり、おもちゃをかじったり穴掘りしないというウサギもいます。

〈遊び関連グッズ〉

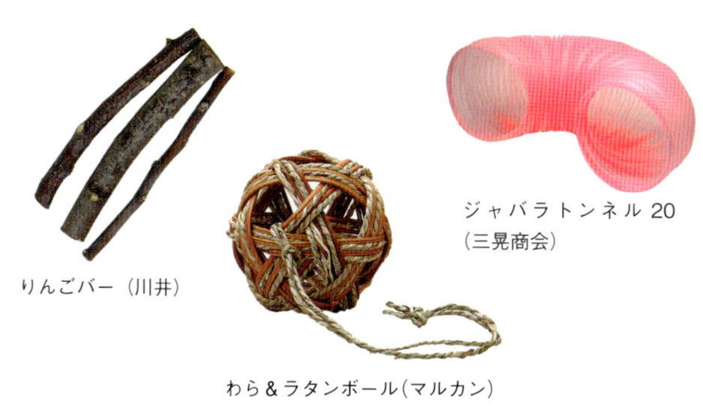

りんごバー（川井）

わら＆ラタンボール（マルカン）

ジャバラトンネル 20
（三晃商会）

ラビット・ライトサークル
（三晃商会）

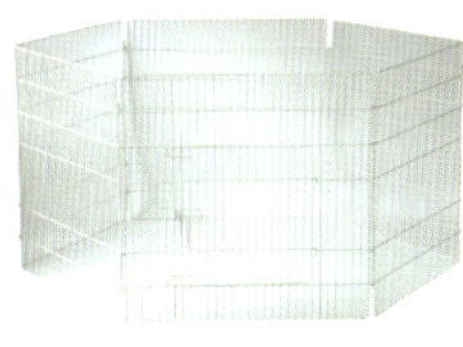

お部屋での遊び

◆ 安全な環境を整えて

飼い主とウサギが一緒に遊ぶときは、ウサギをケージから部屋に出すことになります。部屋の中にはウサギにとって危険なところが多々あります。室内をよく点検し、安全を確かめてから出すようにしてください。

【危険箇所の例】

- 電気コード（かじって感電）
- 窓やドア（閉め忘れて脱走、ベランダだと落下の危険も）
- 毒性のあるもの（中毒。薬剤だけでなく、チョコレート、観葉植物など）
- 異物の誤食（布をかじったり小さなものを飲み込んでしまう）
- 高い場所（足場になるものがあると登ってしまい、落下の危険）
- 狭い隙間（入り込んでしまう）

どうしても難しい場合は、安全な場所だけをペットサークルで囲み、その中で遊ぶ方法もあります。

なお、ウサギの足の裏は毛が密生しているため、床がフローリングだとすべってしまいます。すべらないようなマットを敷くなどするといいでしょう。

◆ 一緒に遊ぼう

なにをして遊ぶかはウサギの好みによってさまざまです。トンネルなどを設置し、遊んでいるのをそばで見ているだけでも楽しいでしょう。好物を用意し、名前を呼んで来たらあげるのも、よいコミュニケーションになります。追いかけっこを楽しむこともできますが、飼い主がウサギをうっかり蹴ったりしないよう、足元への注意が必須です。

なかには、座っている飼い主のそばで横になっているだけで満足なウサギもいます。

戸締まり注意。ベランダから落ちれば命に関わります。

慣れているほど足元に来ます。踏む、蹴るには要注意。

充電器のコードはひとかじりで切断してしまいます。

「うさんぽ」と注意点

うさぎを公園や河川敷などで散歩させることは通称「うさんぽ」と呼ばれています。飼育上での必須項目ではありませんし、ウサギによる向き・不向きや注意点もあります。それらを理解したうえで、連れていくか考えてください。

【うさんぽのいい点】
・自然に近い環境を感じさせられる
・刺激的で気分転換になる
・よい運動になる
・飼い主同士のコミュニケーション

【うさんぽの注意点】
・警戒心が強いウサギは恐怖心をもつ
・犬や猫、カラスなどの襲来
・ウサギ同士のケンカや思わぬ交尾
・逃げる
・農薬のついた植物、ダニなど寄生虫

………〈ハーネス・リード〉………

うさんぽハーネス快適ベスト（GEX）

うさQ オープンハーネス（うさぎの休日）

◆ お出かけの練習は必要

うさんぽに行かない場合でも、ハーネス・リードをつける練習をしておくといいでしょう。災害時など万が一のときに役立ちます。ハーネスにはお腹側で留めるタイプ（写真上）と背中側で留めるタイプ（写真下）などの種類があります。

見知らぬ場所を不安に感じるウサギも多いでしょう。

特にオス同士はケンカになりかねないこともあります。

column6

飼い主さんに聞いた

ウサギ「あるある」

飼い主さんの多くが「そうそう！」「わかるわかる！」と気持ちを共有できそうな、ウサギとの暮らしでの「あるある」をご紹介します。

私がごはんを食べはじめると、なぜだかウサギも食べはじめます。 ―――（チャイさん）

目を開けて寝る（笑） ―――（裕美さん）

換毛期にはあきれるほど毛が抜けるので、グルーミングしながら「この毛でなにか作れるのでは？」と考えてしまいます（羊毛フェルトの要領でウサギの毛を加工する方法もあるようですが）。 ―――（ちょびすけっとさん）

ウサギのためにブロッコリーの葉っぱがほしくて、スーパーのブロッコリー売り場で不要な葉っぱを拾ってしまう。 ―――（肥後みち子さん）

野菜はウサギの食べ残しを食べます。／他人から見たら同じような画像が携帯データ内にあふれています。 ―――（J ママさん）

ウサギの体内時計は正確で、ごはんの時間になると「早く！　早く！」ってアピールしてきます。 ―――（さーやさん）

おやつのおねだりをされるとついついあげてしまいます。 ―――（akiii さん）

私たちの食材は値段を気にして節約しますが、大切な家族（ウサギ）のためには糸目をつけないで新鮮でよいものを吟味するよう心がけていました（笑） ―――（ジョセママさん）

Chapter 7

ウサギの健康

ウサギもさまざまな病気になることはありますが、日頃の健康管理によって予防できる病気も多いものです。どんなふうにしてウサギの健康を守ればいいでしょう。

健康のために大切なこと

ウサギの健康７ヶ条

ウサギの健康と長生きのためには、いくつか気をつけたいことがあります。決して難しいことではありません。これらの点を心がけながらウサギの飼育管理を行いましょう。

◆ 1．ウサギの生態を理解しよう

ウサギはもともと警戒心の強い動物です。のんきな寝相をしていても、突発的な事態があったときには臆病さがみられたりもします。本来の生態を失ったわけではないと理解しましょう。

◆ 2．ウサギの心を理解しよう

ウサギは私たちにさまざまな感情を示してくれます。ウサギの気持ちを考えながらコミュニケーションをとり、その反応をみることでより心を深く理解できるようになるでしょう。

◆ 3．ウサギの個性を理解しよう

人との距離感の違いから牧草の置き方の好みまで、ウサギの個性はさまざまです。個性に合ったつきあい方をすることで、ウサギにストレスの少ない飼育管理を行うことができるでしょう。

◆ 4．適切な飼育環境を用意しよう

ストレスが少ないこと、危険箇所がな

いこと、温度管理が適切であることなどを考えながら、ウサギに適した飼育環境を用意しましょう。ウサギが常に快適で、おだやかな気分で暮らせることがとても大切です。

◆ 5．適切な食事を与えよう

ウサギにとって適切な食事は、牧草のような繊維質の多い食べ物を十分に与えることです。これにより、ウサギに多い病気（歯や消化管の病気）を予防することができます。ウサギがよろこぶからと、おやつを与えすぎないことも大切です。

◆ 6．適切な接し方をしよう

ウサギを慣らし、体にさわったり抱っこしたりすることをいやがらないようにするのは、健康維持のためにも大切なことです。それに加え、ウサギそれぞれに応じた接し方をしましょう。

◆ 7．適切な健康管理を行おう

適切な飼育管理に加え、日々の健康チェックや、かかりつけ動物病院での定期検診などの健康管理を取り入れましょう。健康維持のためでもあり、病気の早期発見・早期治療のためでもあります。

飼育メモをつけよう

健康チェックを行ったら、その結果（排泄物の状態、食欲、元気、体の状態のほか、週に１回の体重測定の結果など）を記録しておくといいでしょう。

そこまでは難しいという場合でも、気になることがあったときだけでも記録しておく習慣をつけましょう。

気圧が低いときに体調を崩すウサギも多いので、台風が来たときにメモしておく、また、家の前で道路工事をしていてうるさかった、食べさせたことのないものを食べさせたときなどもメモしておくといいでしょう。のちに具合が悪くなったときにメモを見直し、理由を推測するのに役立つこともあります。

かかりつけ動物病院をみつけよう

ウサギの動物病院事情

ウサギを飼うことを決意したら、ウサギの診察をしてもらえる動物病院を探しましょう。「ウサギを飼いはじめてから」ではなく、実際にウサギを迎える前に行う必要がある大切なことです。

世の中に動物病院はとてもたくさんあり、「うちの近所にもある」という方もいることと思います。ところが、動物病院で診てもらえる動物は多くの場合、犬と猫です。近年になってウサギなど犬猫以外の小動物を診る動物病院も徐々に増えてきていますが、まだまだ多いとはいえない状況です。

そのような事情があるため、迎えたあとでウサギの具合が悪くなり、あわててウサギを診てもらえる動物病院を探してもなかなかみつからなかったり、そのあいだに症状が進んでしまったりするのです。そのようなことにならないため、ウサギを迎える前に動物病院探しを行うようにしてください。

かかりつけ動物病院の探し方

通院することを考えれば、かかりつけの動物病院は近所にあるのがベストです。近所に動物病院があるなら、ウサギの診察をしているかどうか確認してみましょ

ショップで聞く、検索、クチコミなどで動物病院を探しましょう。

う。ホームページに診療対象動物が書いてあることもありますし、電話でたずねてもいいでしょう。

インターネットで、「動物病院　ウサギ　(地域名)」などのキーワードで検索したり、SNSなどで情報収集することもできます。

ウサギを購入したペットショップに聞く方法もあります。

すでにウサギを飼っている人に、どこの動物病院に行っているかを聞いてみてもいいでしょう。このとき気をつけたいのは、人には獣医師との「相性」もあるということです。Aさんにとっては「いい先生」でもBさんには「合わない」ということもあります。こうした点を考えると、できるだけ多くの方の意見を聞いてみることも大切になるでしょう。そのうえで、実際に診察を受け、信頼関係が築ける動物病院を見つけてください。

◆ 健康診断を受けにいこう

実際にウサギを迎え、環境にも慣れて落ち着いてきたら、かかりつけにしたいなと思える動物病院で健康診断を受けるといいでしょう（ウサギの体調が悪いときは、家に迎えたその日であってもすぐに連れて行ってください）。

ウサギの健康状態を診てもらうのが一番の目的です。元気のいいときの状態をカルテに残しておくことにも意味があります。動物病院の雰囲気を実際に体感したり、獣医師とお話をするのも大切な目的です。わからないことがあったときに

質問がしやすいかどうかというのも重要なポイントです。

なお、飼い主側のマナーとして、予約したときは時間を守る、待合室でむやみにウサギをケージから出さない、といったことは守りましょう。予約時間に行ったのに、前の診察が長引いているということもありますが、しかたのないことでもあります。緊急時でなければ、時間に余裕のあるときに行きましょう。

◆ そのほかのポイント

ウサギ専門ではないが近くていつでも連れていける動物病院をかかりつけ病院にして、難しい治療が必要なときにはウサギ専門病院を紹介してもらうという方法もあります。

複数の獣医師がいる動物病院で、ウサギを診る先生が決まっているときは、その先生がお休みのときはどうするのかも確かめておきましょう。

かかりつけ病院の休業日などのため、夜間診療や休業日が重ならない動物病院を探しておくのもいいことです。

健康チェックのポイント

◆ 食事のときに

食欲をチェックしましょう。いつもはすぐに食べはじめるのに、食事を与えてもすぐに食べないのは、どこか具合が悪いのかもしれません。歯が悪いと、食べ方がいつもと違ったり、よだれが出ていることもあります。食べ残しも確認します。

◆ 遊びのときに

元気のよさや反応をチェックしましょう。いつもは呼べば飛んでくるのに来ない、こちらも見ないといったときはなにかストレスをかかえているのかも。隅のほうでじっとしているようなときは、お腹が痛いということもあります。

◆ ふれあいのときに

体にふれながらチェックしましょう。いつもはなでると喜ぶのに、さわられるのをいやがるのは、どこかが痛いのかもしれません。また、痛みがなくても体にできものや傷などがないかどうかも、ふれあいながらチェックできます。

〈ここをチェックしよう〉

目
目やに、涙が多い、傷、白濁はないか。眼球が上下や左右に揺れていないか。

耳
耳垢などの汚れやにおいはないか。

毛
ぼさついたりからまっていないか。毛をむしっていないか。

鼻
クシャミが多くないか。鼻水が出ていないか。呼吸するとき異常音がないか。

皮膚
脱毛、フケ、傷、腫れやしこりなどはないか。足の裏が硬くなっていないか。

歯と口
切歯の折れや曲がりがないか。ものを食べにくそうでないか。よだれが出ていないか。

排泄物
量が減ったりしなくなっていないか。トイレで辛そうにいきんでいないか。色や形の変化はないか。

四肢
爪の折れや抜けがないか。足を引きずっていないか。

腹部
いつもよりふくれていないか。乳腺が腫れていないか。

肛門・生殖器の周囲
下痢で汚れていないか。出血や分泌物はないか。尿もれはないか。

オシッコ(正常)
濁った白〜薄黄色で濃い。食事の色素で赤っぽいことも。

健康なフン
黒〜黒褐色。コロコロと丸くて硬いのが正常。

盲腸便
2〜3cmほどでブドウの房のような形をしている。

いびつな便
消化管に問題があると大きさが揃わない便をすることも。

つながった便
飲み込んだ毛が多いと、毛でつながった便が出ることも。

ウサギによくある症状

よだれが出ている

よだれは、不正咬合があるときの症状のひとつです。不正咬合は、ウサギにとても多い病気で、切歯にも臼歯にもみられます。歯のかみ合わせがおかしくなり、ものが食べにくくなります。異常な方向に歯が伸びて、口の中を傷つけます。ほかには、食べこぼす、食べる量が減る、便が小さくなったり量が減るなどもみられます。

不正咬合だと歯根が炎症を起こすこともあります。歯根はとても長いため、歯の病気なのに目に影響を及ぼし、涙目になることもあります。牧草をたくさん与え、しっかりと歯を使わせることは不正咬合の大切な予防策です。

鼻水が出ている

ウサギに多い呼吸器の病気に、パスツレラ感染症があります。おもにこの病気のためにクシャミや鼻水が出る症状のことをスナッフルといいます。牧草の細かいホコリが入ったりしてもクシャミや鼻水は出ますが、いつまでも出ているのは正常なことではありません。鼻水は、最初はサラサラした透明ですが、症状が進むとねばりけがあり、膿のようにもなってきます。鼻と目はつながっているので、涙目などの症状もみられます。

鼻水やよだれ（前の項目参照）が出ると、ウサギは気にして前足でぬぐいます。前足の甲の部分の毛がゴワゴワになっていたりします。

ここで取りあげている症状がウサギにみられるすべてのものではありません。

涙目になる

ウサギが涙目になる理由はさまざまです。スナッフルや不正咬合のときにみられることもよくあります。

目と鼻は鼻涙管(びるいかん)という細い管でつながっていて、余分な涙は鼻の奥に抜けていきますが、鼻涙管が詰まると抜けていかずに涙があふれてしまいます。目の下が常に濡れているため、皮膚炎になることもあります。

涙目がみられる目の病気としては、結膜炎や角膜炎などがあります。目の結膜（まぶたの裏側と眼球をつなぐ膜）や角膜（眼球の表面をおおう膜）に傷がついたり炎症が起きます。目やにも出ます。

結膜炎や角膜炎は、目が傷つくことでも起こります。牧草のかすや鋭い先端が目に当たったり、ほかのウサギとのケンカ、爪が伸びすぎているため毛づくろいで傷つけるといったこともあります。

頭が傾く（斜頸(しゃけい)）

首をかしげるように頭が傾く症状のことです。自分の意思でやっているのではなく、自然と頭が傾いてしまいます。よく見ないと気がつかない程度のこともあれば、大きく傾き、体をまっすぐに保てなくなることもあります。

斜頸が起こるのは、平衡感覚をつかさどる器官に異常が起こるからです。原因のひとつは中枢神経が侵されるもので、エンセファリトゾーン症がよく知られています。もうひとつは末梢神経が侵されるもので、内耳炎などが原因です。斜頸の原因をつきとめるのはとても難しいとされていますが、早くに治療をすることがとても重要ともいわれます。

神経が侵されてみられる症状には斜頸のほかに、眼振（眼球が上下や左右に揺れる）、体のバランスがとれなくなる、麻痺などもあります。

少しでもウサギの様子がおかしいと思ったらすぐに動物病院へ行きましょう。

便が小さくなる

ウサギはコロコロした便をたくさん出します。これは健康な証拠でもあります。便の大きさはほぼ一定です。

ところが、消化器官の働きが悪くなると、便が小さくなったり、排泄する量が減ったりします。草食動物で、常にたくさんの植物を食べては消化吸収しているウサギにとって、消化器官のトラブルはとても心配なものです。

便が小さくなる原因のひとつは、ウサギにとても多い消化器官の病気、胃腸うっ滞です。食事の繊維質不足、ストレスや、異物が詰まることなどさまざまなことで起こります。胃腸うっ滞があると、便が小さくなるほか、食欲不振、ガスがたまるためにお腹が痛くてじっと丸まっているといった症状もみられます。

ウサギには下痢もみられます。早急に診察を受けたほうがいいものです。

オシッコが出にくい

ウサギにはオシッコに関する病気もみられます。普通、オシッコをするときに時間はかかりませんが、排泄のポーズをしたままいつまでもじっとしていたり、痛そうな様子をみせるときは、オシッコが出にくい可能性があります。

原因のひとつには尿石症があります。尿石症は、尿路に結石ができる病気です。結石は、尿の中のミネラル分が石のように固まったものです。結石ができる理由ははっきりしていません。結石があっても勢いよくオシッコをするときに出ることもありますが、詰まってしまうとオシッコが出なくなります。

膀胱炎もみられます。いずれも、オシッコが出にくくなるほかに血の混じったオシッコをすることもあります。トイレを覚えていたのに失敗したり、尿もれがみられることもあります。

小動物の病気は進行も早いもの。「様子を見よう」と考えずにすぐに病院へ。

血尿が出る

オシッコに血が混じる血尿は、尿石症や膀胱炎（前ページ参照）などのほか、子宮の病気があるときにみられる症状です。いうまでもなくメスの病気です。特に子宮腺癌などが多いとされます。

ニンジンなど赤い色素を含むものを食べたときにもオシッコが赤っぽくなりますが、これは正常です。色素ならオシッコ全体が赤いですが、血尿のときも全体が赤かったり、一部に血のかたまりが混じっていることもあります。見ただけでは血尿なのか判断しにくいときは、尿検査を受けるといいでしょう。市販の尿検査紙で調べることもできます。

メスのウサギを飼っていてオシッコに血が混じっているとき、「生理かしら」と思われることもありますが、ウサギには人や犬などのようないわゆる生理はありません。

食欲がない

一時的なこともあれば深刻なこともあり、また、さまざまな病気の症状でもあるのが、「食欲がない」というものです。ウサギにも多少の食欲の波はあるので、健康でも食が進まないことはありますが、不正咬合でものが食べにくくて食べない、消化器官がトラブルを起こしていて食べない、どこか痛みがあるために食べないなど、なにかの病気が原因のことも多いのです。また、環境のストレスなどで食欲がなくなり、食べないことが胃腸うっ滞を招くなど、別の病気を引き起こすこともあります。

好物なら食べるのか、食欲のほかに排泄物や元気はどうなのかなども確認してみてください。

ウサギにとって食べない状態がつづくのはたいへん深刻なことですから、早めに動物病院に連れていきましょう。

行動や仕草がいつもと違うときは注意深く観察を。

じっと丸まっている

かまってほしくないかのようにケージの隅で丸くなっているときは、体調が悪いのかもしれません。胃腸うっ滞などでお腹にガスがたまっていると痛みのために体を丸めていたりします。

ウサギのような捕食対象となる動物は、弱っているところを天敵に見せればすぐに捕まえられてしまうので、多少、体調が悪くても平気な様子をしているものです。そんな動物が、いかにも具合が悪そうにしているというのは、かなり調子が悪いということです。

丸くなって寝ているだけということもあります。寒いときにはなるべく体の表面積を小さくするために丸まることもよくあります。

健康チェック全般、そして目の輝きや活気なども観察し、具合が悪そうなら診察を受けましょう。

足の裏にタコができている

ソアホックという、足の裏にできる細菌性の皮膚の病気です。

ウサギの足の裏には肉球はなく、そのかわりに厚い毛によって守られています。ふかふかしてはいますが、肉球ほどのクッション性はないため、固い床の上で暮らしていると足の裏に負担がかかります。

太りすぎだったり、もともと毛が薄かったりするとなりやすいものです。爪の伸びすぎ、不衛生な環境も原因となります。足の裏の毛がすりきれ、タコができます。ひどくなると炎症を起こして、ジクジクした状態になります。

高齢になると、軽度なソアホックができていることもあります。

足の裏に負担をかけず、衛生的な飼育環境を作り、肥満にさせないよう心がけましょう。

日々の健康チェックで「早期発見・早期治療」を心がけて。

人と動物の共通感染症

共通感染症とは

人と動物との間で相互に感染する病気を、「人と動物の共通感染症」といいます。人獣共通感染症、ズーノーシス、また、人の立場から「動物由来感染症」という呼び方もあります。共通感染症は世界中に約800種あるといわれています。

狂犬病やオウム病、鳥インフルエンザ、BSEなどがよく知られています。

◆ ウサギと共通感染症

ウサギの共通感染症では野兎(やと)病が有名ですが、ペットのウサギでは心配することはありません。ウサギからの感染で現実的にありえるのは、皮膚の病気である皮膚糸状菌(しじょうきん)症があります。カビの一種によるもので、部分的に脱毛したりフケが出ます。人に感染すると、皮膚に発疹ができたりします。

共通感染症の予防

節度をもった接し方をしていれば、むやみにおそれることはありません。次のような点に注意しましょう。

・世話をしたり遊んだあとはよく手を洗ってください。

・キスをする、ほおずりする、口移しで食べ物をあげる、布団で一緒に寝る、といったことはやめましょう。

・ケージ掃除はこまめに行い、衛生的な環境を心がけましょう。

・ウサギの健康管理を行い、病気になったら治療しましょう。

・人も健康でいられるように、免疫力が衰えないよう心がけましょう。

アレルギーの対策

アレルギーは共通感染症ではありませんが、対策には共通点もあります。ウサギが原因のアレルギーの心配があるなら、接したあとは十分に手洗い、うがいをしたり、ウサギを遊ばせる部屋の掃除もていねいに行いましょう。舞い飛んだ抜け毛などがアレルギーを引き起こすこともあります。

column7

飼い主さんに聞いた
わが家の健康管理＆心がけ

元気で幸せに暮らしてほしい。そんな思いが皆さんの健康管理や心がけからもみてとれます。どんな工夫をしているのか教えていただきました。

日々の観察がとても大切です。少しでも違うことがあったら、病院に連れて行っています。
――――（ノエルさん）

毎日スキンシップをとり、血流をよくするために体をなでるようにしています。――――（裕美さん）

私とウサギたちは、熊本地震を経験しました。「ずっとケージに入れておくのはかわいそうだから放し飼い」という話も聞くことがありますが、それは違うと思うのです。普段はケージ内にいることで瞬時の災害から守ることができますし、ケージがウサギにとって安心できる場所だというのは、巣穴をもつアナウサギ本来のものでもあるので、「かわいそう」ではないということを飼い主は理解すべきと思っています。
――――（ちょびすけっとさん）

食欲不振にすぐに気づけるよう、必ず食いつくおやつ（乾燥野菜など）を一日何回もあげます。
――――（肥後みち子さん）

「ウサギのことなら全部わかっている」という考え方は、ずっとウサギと暮しているとしてもしないこと。ウサギを不幸にしないためには、常に新しい情報を得ることや、柔軟な考えをもつことが大切と感じています。
――――（うめはらさん）

ねばりけのあるオシッコをしたことがあり、病院で診てもらうとカルシウム分が多いとのこと。カルシウムを多く含む野菜は控えることにしました（もともとたくさんあげていたわけではないので体質のようです）。また、ペレットの量はウサギさんと相談しながら、体重もチェックしてあげています。
――――（ルークママさん）

Chapter8

もっと教えてウサギのこと

ウサギには、いくら語っても語りきれない奥の深さがあります。ここではウサギの体や心などについて、もう一歩踏み込んだ内容をご紹介しています。

もっと教えてウサギの体

避妊去勢手術が必要ですか？

手術によってメスの卵巣や子宮を摘出し、繁殖能力をなくすことを避妊手術、オスの精巣を摘出して繁殖能力をなくすことを去勢手術といいます。どちらも不妊手術ともいいます。

ウサギでは、メスが３歳をすぎると（もっと若いうちからとも）子宮の病気が増え、深刻なものも多いことから、現在、多くの動物病院では、病気になっていなくてもメスの避妊手術を推奨する傾向があります。手術をすることで子宮の病気の可能性がぐっと減ります。

オスでは、生殖器の病気はメスほど多くありませんが、去勢手術をしていないオスは大人になるとなわばり意識が強くなり、攻撃性やオシッコ飛ばしなどの行動がみられることもあります。そのため、こうした行動をおさえるために去勢手術がすすめられることもあります。

上記のようなメリットもありますが、手術ですからリスクも存在します。手術をするなら生後１年くらいまでがいいとされているので、ウサギを飼いはじめて動物病院で健康診断を受けるときなどに、相談してみるといいでしょう。

うちの子のベビーが見たい

ウサギの子どもはとてもかわいいものです。「うちの子にも生ませたい」と思うこともあるかもしれませんが、繁殖は慎重に考えてください。ウサギは多産で、

1回に4〜10匹を出産するデータがあります（小型種のほうが少ない傾向）。生まれた子どもたちをすべて幸せに飼いつづけることができるのか、世話の時間やかかるお金のことなども考えてみてください。譲るとしても、責任をもって最後まで飼ってくれる人を探すのは大変です。

母親ウサギにとって出産や子育ては大きな負担でもありますし、育児放棄をすることもあります。あらかじめ遺伝性の病気がないかの確認も必要です。ウサギの繁殖は、専門的な勉強をして行っているプロ（ブリーダーやウサギ専門店など）にまかせておくのが賢明です。

お腹の毛をむしります

メスのウサギには「偽妊娠（ぎにんしん）」という生理的な現象が知られています。実際には妊娠していないのに、出産・子育て用の巣作りをはじめるのです。お腹や胸の毛をむしるのは、巣の材料にするためです。本当に妊娠しているときのように乳首が腫れてきたり、母乳が出ることもあります。なわばり意識が強くなることもあります。こうした行動が16日くらいつづくといわれます。

なぜ偽妊娠するかはよくわかっていません。病気ではないので治療は必要ありませんが、しばしば起こるときはかかりつけの動物病院で避妊手術について相談するのもいいでしょう。

オスとメスの見分け方は？

外部生殖器の形状で見分けます。オスは外部生殖器が円筒状で先端が丸く開いていて、メスの場合は縦のスリット状になっています。

性成熟するとオスは精巣が大きくなるのでわかりやすいですが、幼いうちはわかりにくいこともあります。

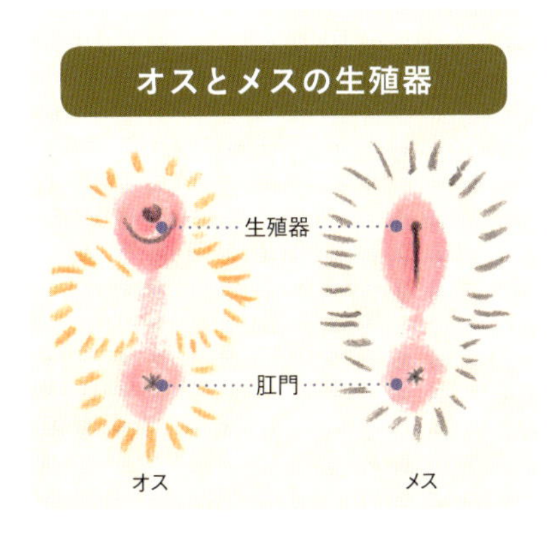

もっと教えてウサギの暮らし

柱や家具などをかじるのですが…

ものをかじるのはウサギの仕事のようなものですから、かじって遊べるおもちゃを用意したり、一緒に遊ぶ時間を作って、柱をかじるよりもほかに楽しいことがあると教えてあげるといいですね。

それでもどうしてもかじるウサギはいます。柱や家具の角になっている部分がかじりやすいようです。こうした場合は、市販のコーナーガードを貼りつける方法があります。電気コード類は、かじると感電して命に関わることもあります。ウサギの行動範囲に置かないようにする、敷き物の下や高いところを通すといった方法のほか、コルゲートチューブなどの電気コードをカバーするものが売られています。

ペットサークルで遊ぶ場所を限定して、かじられて困る場所に行かないようにするのが安心でしょう。

ウサギに友だちを迎えたい

野生のウサギは群れを作りますが、飼育下では人為的にほかのウサギを連れてくるので、必ずしも仲良くできるとは限りません。特にオス同士はケンカになりやすいですし、オスとメスは不妊手術していないと子どもが増えてしまいます。兄弟や姉妹で、不妊手術をしているとうまくいく可能性もありますが、大人になってから新たなウサギを迎えたことで、なわばりの主張が強くなってオシッコ飛ばしをするようになることもあります。飼育頭数が増えれば世話の時間もお金もかかることも考えましょう。

ウサギは1匹でも寂しくないですし、一番の友だちは飼い主のはず。多頭飼育は慎重に考えましょう。

防災対策は どうしたらいいですか

日本は自然災害の多い国です。近年になって各地で大きな地震も起きています。いざというときのための防災対策を考えておきましょう。

◆ケージの置き場所の確認

家具が倒れたり、高いところに置いてあるものや割れたガラス窓がケージの上に落ちてきたりしないでしょうか。

◆避難セットの用意

避難は「ウサギと一緒」が原則です。ウサギのための避難セットも用意しておくといいでしょう。取り出しやすいところに置いておき、食べ物や消耗品は定期的に入れ替えましょう。以下は避難セットとして用意したいものの一例です。

・ハードタイプのキャリーバッグ。

・食べるものとして、最低でも1週間分のペレット、牧草代わりのペレット牧草やキューブ牧草、余裕があれば牧草。大好きなおやつも必須。水は軟水のミネラルウォーター。与えるさいの容器も。

・迷子札をつけたハーネス、防寒用のフリース毛布など。

・ペットシーツ、ビニール袋、新聞紙、消臭スプレー、ガムテープ、ウェットティッシュなど。

・かかりつけ動物病院の連絡先。診察券や投薬中の薬剤などは、すぐに持ち出せるよう場所を決めておいて。

◆備蓄場所の見直し

家屋が損傷して家の中に入れないことが起こります。水や牧草などは玄関の近くに備蓄し、短時間で取り出せるようにしておくといいでしょう。

自分たちが被災しなくても、大きな災害があると流通がストップすることもあります。ペレットや牧草などは、家庭内の在庫が底をつく前に新しいものを購入するようにしてください。

◆避難場所の確認

避難について家族で話し合っておいてください。避難場所となっている施設はペットを受け入れる予定になっているのか問い合わせておきましょう。

自分たちの避難セットのほかにウサギの入っているキャリーバッグ、ウサギの避難セットと大荷物になります。いざというときの動きをシミュレーションしておくことをおすすめします。

また、生活再建のためなど、どうしても一緒にいられないような状況も起こりえます。普段から飼い主同士のネットワークがあると安心です。

もっと教えてウサギの心

オシッコを飛ばすので困ります

特に大人のオスに多くみられるのが、オシッコを撒き散らすようにするスプレー行動です。

マーキングの一種で、においをつけることによって自分の存在を誇示するのです。性成熟後にみられる本能的な行動なので、やめさせるしつけをするのは難しいことです。

ただ、オシッコ飛ばしをできるだけしないですむよう努力することは可能です。ひとつは、ウサギの行動範囲を制限することです。部屋の中のどこででも遊べるようにしていると、すべてが自分のものだと考えてしまうので、なにか気に入らないことがあるとオシッコ飛ばしをします。ペットサークルの中だけで遊ばせたり、遊びの時間を制限するなどの方法をとります。

また、もうひとつは去勢手術を受けさせることです。性成熟したら、オシッコ飛ばしが習慣になってしまう前に去勢手術を行うことで予防が可能です。大人になって落ち着いてくるとやらなくなることもあります。

汚したところはにおいを残さないように掃除しましょう。

「思春期」とは何ですか？

子どもの頃のウサギは、目新しいものごとを受け入れやすく、だれにでもフレンドリーに接することが多いものです。ところが、性成熟がはじまる生後4ヶ月くらいになると、体だけでなく心も大人になろうとします。自己主張がはっきりしてきてなわばり意識が強くなる、いわゆる「思春期」です。反抗期ということもできるでしょう。オスにもメスにもみられます。

前述のオシッコ飛ばしをするようになったり、人やものに対してマウンティン

グ（乗りかかって腰を振る）をしたり、抱っこが嫌いになったりします。噛むようになることもあります。

この時期に好き放題させてしまうと、ウサギは自分が人よりも優位だと勘違いしてしまいます。

オシッコ飛ばしの対策と同じで、遊ばせる場所を制限したり、遊びの時間を飼い主が決めること（ケージと部屋を出入り自由にはしない）、また、噛みついてきたら「ダメ！」「いけない！」などとはっきり言って叱りましょう（叩いたりするのはNG）。人に対するマウンティングも、やらせてあげる必要はありません。つきあわずにその場を離れるなどして、その対象ではないのだということを伝えましょう。

なお、噛みつくのは思春期の攻撃性やいらだちのほかに、体調が悪くてかまわれたくないとき、人の手などに対して強い恐怖心があるときなどにもみられる行動です。

ウサギに言葉はわかるの？

残念ながら、人が口にする言葉そのものの意味がわかるということはないのかもしれません。しかし、ウサギは人よりはるかに鋭く、こちらの気持ちや空気を理解するのではないかと想像できます。ウサギのような被捕食動物は、自分のそばに近寄ってくる動物が自分を狙っているのか、害がないのかを敏感に察知しますし、それができなければ生き延びられません。

そのようなことから考えると、飼い主が本心から「大好きでたまらない！」と思って接していれば、ウサギも安心しておだやかでいられるでしょう。「かわいいね～」と飼い主が言うときの幸せオーラのようなものはウサギにも伝わるはずです。しかし口では「いい子ね」と言いながらも心で（面倒くさいな）などと思っていたら、ウサギはその否定的な空気のほうを察知するのではないでしょうか。

言葉での会話はできなくても、ウサギに対する思いは必ず伝わっているのだと信じて、常に愛情をこめてウサギと接するようにしましょう。

もっと教えてウサギのエトセトラ

血統書はどんなウサギにもあるの？

血統書は、繁殖管理されている純血種のウサギに対してブリーダーやブリーダー団体が発行します。曾祖父母までさかのぼって毛色や体重などの情報が記載されています。血統書の発行には1ヶ月くらいかかることもあります。血統書があるといわれたのになかなか発行されないときは、購入したペットショップに問い合わせてみましょう。

ウサギを拾いました

アナウサギ（ペットのウサギ）なら、いったん保護してあげてください（野生のウサギは飼えません）。家にもウサギがいるときは、接触させないように離しておきましょう。

警察に拾得物の届けを出すとともに、近隣のペットショップや動物病院、動物愛護センターに連絡をして張り紙などをしてもらったり、SNSで呼びかけたりして飼い主を探してください。3ヶ月たっても名乗り出てこないときは所有権が拾った人に移ります。

ウサギが亡くなりました

命あるものとは、いつかお別れのときが来ます。寂しいことですが、たくさん愛し、愛してくれたウサギに、ありがとうと言ってあげましょう。程度の差はあっても、誰もがペットを失った悲しみ（ペットロス）を体験します。無理に悲しい気持ちをおさえつけないようにしてください。

ウサギをきちんと弔ってもらえるペット霊園も増えています。お墓を建てる、火葬だけしてお骨は家に置く、または庭に埋葬する（公園など公共の場に埋めるのは違法です）など、いろいろな方法があるので、自分が納得できる方法を選びましょう。

アンケート＆写真ご協力（敬称略・順不同）

発刊にあたり、アンケートへのご協力およびお写真のご提供をいただき、誠にありがとうございました。

チャイ＆ココア・ミルク、和也＆雪、ノエル＆くーこ、りぼん。＆ラルフ・アリス、裕美＆うさ、りょうもも＆あんず・あられ、ちょびすけっと＆琥珀・マリー、肥後みち子＆大吉、J ママ＆ランちゃん・テンちゃん、とき＆ここあ、五十嵐トキ子＆つね、さーや＆ささちゃん・のこちゃん、akiii＆ちむちむ、うめはら＆みや子、かなちゃん＆シロイヤー、ジョセママ＆ジョセフィーヌ、もこ＆天空・珀海・羽海・風空、ルークママ＆ルーク

撮影ご協力・画像ご提供（敬称略・順不同）

吉本和也、相原笑子、山下友香里、熊谷香代、塚越麗子、OLIVE DE PEKO、大関真美、大澤由子（yuCo's Rabbitry）、緒方晴美、田中聡子、野間崎文枝、佐藤映子、三室直子、長谷川あい、うさぎのmimi、塚田祐介

うさぎのしっぽ、一般社団法人全国ペット協会、株式会社大成出版社、株式会社川井、株式会社三晃商会、株式会社マルカン、ジェックス株式会社、イースター株式会社、有限会社ウーリー、株式会社ＦＬＦ、みずよし貿易有限会社、株式会社クーポラ（うさぎの休日）

参考資料

『新 うさぎの品種大図鑑』町田修、誠文堂新光社

『ウサギの不思議な生活』アン・マクブライド、訳：斎藤慎一郎、晶文社

『実践うさぎ学』斉藤久美子、インターズー

『よくわかるウサギの健康と病気』大野瑞絵、監修：曽我玲子、誠文堂新光社

著者プロフィール
大野瑞絵（おおのみずえ）
東京生まれ。動物ライター。「動物をちゃんと飼う、ちゃんと飼えば動物は幸せ、動物が幸せになってはじめて飼い主さんも幸せ」をモットーに活動中。著書に『うさぎの心理がわかる本』（共著）『よくわかるうさぎの食事と栄養』『よくわかるウサギの健康と病気』『ハリネズミ完全飼育』（小社刊）、『うさぎと仲よく暮らす本』（新星出版社刊）など多数。1級愛玩動物飼養管理士、ヒトと動物の関係学会会員。

写真
井川俊彦（いがわとしひこ）
東京生まれ。東京写真専門学校報道写真科卒業後、フリーカメラマンとなる。1級愛玩動物飼養管理士。犬や猫、ウサギ、ハムスターなどのコンパニオン・アニマルを撮り始めて四半世紀以上。写真担当の既刊本は『小動物☆飼い方上手になれる！ハムスター』『ハリネズミ完全飼育』『新 うさぎの品種大図鑑』(小社刊)、『図鑑 NEO どうぶつペットシール』(小学館) など多数。

デザイン … 宇都宮三鈴
イラスト … 川岸歩
編集協力 … 大崎典子
DTP … 茂呂田剛（エムアンドケイ）

Special Thanks … うさぎのしっぽ

住まい、食べ物、接し方、健康のことがすぐわかる！
小動物☆飼い方上手になれる!　ウサギ　　NDC 489

2017年9月20日　発　行

著　者　大野瑞絵
発行者　小川雄一
発行所　株式会社誠文堂新光社
〒113-0033　東京都文京区本郷 3-3-11
（編集）電話 03-5800-5751
（販売）電話 03-5800-5780
http://www.seibundo-shinkosha.net/

印刷所　株式会社 大熊整美堂
製本所　和光堂 株式会社

ISBN978-4-416-71703-5